高等院校海洋科学专业规划教材

海洋观测技术

Marine Observation Techniques

任 杰 ◎ 编著

中山大学出版社
·广州·

内容提要

本书从海洋基本知识、水体基本特征入手，回顾了海洋调查发展历史和观测带来的海洋科学变革，介绍了多个海洋学科分支，包括海洋气象、海洋物理、海洋化学、海洋生物等的基本调查方法，重点聚焦在物理海洋基本要素，如波潮流、温盐深、泥沙属性等的调查仪器、测量方法、工作原理等方面。书中也简略阐述了调查站位设置、调查时间与频率选择、调查组织协调等实际海洋调查中不可回避的基本问题。

图书在版编目（CIP）数据

海洋观测技术/任杰编著.—广州：中山大学出版社，2019.9
（高等院校海洋科学专业规划教材）
ISBN 978-7-306-06597-1

Ⅰ.①海… Ⅱ.①任… Ⅲ.①海洋观测—高等学校—教材 Ⅳ.①P71

中国版本图书馆 CIP 数据核字（2019）第 063459 号

Haiyang Guance Jishu

出 版 人：	王天琪
策划编辑：	李　文
责任编辑：	李　文
封面设计：	林绵华
责任校对：	付　辉
责任技编：	何雅涛
出版发行：	中山大学出版社
电　　话：	编辑部 020 - 84111996，84113349，84111997，84110779
	发行部 020 - 84111998，84111981，84111160
地　　址：	广州市新港西路 135 号
邮　　编：	510275　　　　传　真：020 - 84036565
网　　址：	http://www.zsup.com.cn　E-mail：zdcbs@mail.sysu.edu.cn
印 刷 者：	佛山市浩文彩色印刷有限公司
规　　格：	787mm×1092mm　1/16　12.375 印张　320 千字
版次印次：	2019 年 9 月第 1 版　2024 年 1 月第 2 次印刷
定　　价：	36.00 元

版权所有　翻印必究　如发现本书因印装质量影响阅读，请与出版社发行部联系调换

《高等院校海洋科学专业规划教材》
编审委员会

主　　任　　陈省平　王东晓

委　　员　　（以姓氏笔画排序）

王东晓　王江海　吕宝凤　刘　岚
孙晓明　苏　明　李　雁　杨清书
来志刚　吴玉萍　吴加学　何建国
邹世春　陈省平　陈保卫　易梅生
罗一鸣　赵　俊　袁建平　贾良文
夏　斌　殷克东　栾天罡　郭长军
龚　骏　龚文平　翟　伟

总　序

海洋与国家安全和权益维护、人类生存和可持续发展、全球气候变化、油气和某些金属矿产等战略性资源保障等息息相关。贯彻落实"海洋强国"建设和"一带一路"倡议，不仅需要高端人才的持续汇集，实现关键技术的突破和超越，而且需要培养一大批了解海洋知识、掌握海洋科技、精通海洋事务的卓越拔尖人才。

海洋科学涉及领域极为宽广，几乎涵盖了传统所熟知的"陆地学科"。当前海洋科学更加强调整体观、系统观的研究思路，从单一学科向多学科交叉融合的趋势发展十分明显。在海洋科学的本科人才培养中，如何解决"广博"与"专深"的关系，十分关键。基于此，我们本着"博学专长"的理念，按照"243"思路，构建"学科大类→专业方向→综合提升"专业课程体系。其中，学科大类板块设置基础和核心2类课程，以培养宽广知识面，让学生掌握海洋科学理论基础和核心知识；专业方向板块从第四学期开始，按海洋生物、海洋地质、物理海洋和海洋化学4个方向，进行"四选一"分流，让学生掌握扎实的专业知识；综合提升板块设置选修课、实践课和毕业论文3个模块，以推动学生更自主、个性化、综合性地学习，提高其专业素养。

相对于数学、物理学、化学、生物学、地质学等专业，海洋科学专业开办时间较短，教材积累相对欠缺，部分课程尚无正式教材，部分课程虽有教材但专业适用性不理想或知识内容较为陈旧。我们基于"243"课程体系，固化课程内容，建设海洋科学专业系列教材：一是引进、翻译和出版 Descriptive Physical Oceanography: An Introduction (6 th ed)（《物理海洋学·第6版》）、Chemical Oceanography (4 th ed)（《化学海洋学·第4版》）、Biological Oceanography (2 nd ed)（《生物海洋学·第2版》）、Introduction to Satellite Oceanography（《卫星海洋学》）等原版教材；二是编著、出版《海洋植物学》《海洋仪器分析》《海岸动力地貌学》《海洋地图与测量学》《海洋污染与毒理》《海洋气象学》《海洋观测技术》《海洋油气地质学》等理论课教材；三是编著、出版《海洋沉积动力学实验》

《海洋化学实验》《海洋动物学实验》《海洋生态学实验》《海洋微生物学实验》《海洋科学专业实习》《海洋科学综合实习》等实验教材或实习指导书，预计最终将出版 40 多部系列教材。

教材建设是高校的基础建设，对实现人才培养目标起着重要作用。在教育部、广东省和中山大学等教学质量工程项目的支持下，我们以教师为主体，及时把本学科发展的新成果引入教材，并突出以学生为中心，使教学内容更具针对性和适用性。谨此对所有参与系列教材建设的教师和学生表示感谢。

系列教材建设是一项长期持续的过程，我们致力于突出前沿性、科学性和适用性，并强调内容的衔接，以形成完整知识体系。

因时间仓促，教材中难免有所不足和疏漏，敬请不吝指正。

《高等院校海洋科学专业规划教材》编审委员会

前　　言

随着经济和科技的飞速发展，人类对资源的需求与日俱增，人口、资源、环境问题进一步加剧，海洋环境的研究，海洋资源开发利用、保护和管理，以及海洋教育已受到普遍重视。海洋中含有丰富的资源，它们对人类的生存发展和世界文明的振兴将产生重大的影响。除此之外，辽阔的海域还是海上交通的通道、防御外敌入侵的天然屏障，开发利用海洋、发展海洋事业与人类的文明发展息息相关。21世纪初期，世界人口已达70亿，高密度人口给陆地资源与环境带来了极大的压力，海洋客观上已成为世界后备资源基地及某些主要战略资源的接替区。

自古以来，人类对海洋开发利用就极其投入，随着世界技术革命的不断深入和陆地资源的日趋匮乏，开发利用海洋资源日益成为今后世界新的潮流。近些年来，人类对海洋的认识和开发利用取得的成就是以往任何时期都无法比拟的。海洋的多种资源和产生的巨大经济效益越来越引起人类的关注。实践证明，海洋是人类生产和生活不可缺少的领域，海洋对人类的影响随着时间的推移将会成倍地增长，海洋是人类社会持续发展的物质基础和希望所在，海洋文明和文化又为人类相互交流、理解、合作创造了永续的精神财富。正如众多科学家所预言的一样，未来世纪是人类的海洋世纪。

然而，不管怎样说，海洋调查始终是人类认识海洋的第一步。海洋调查是以实践为基础的科学，既是理论发展的源泉，也是检验其真伪的标准。任何轻视海洋调查的人都会导致萎缩和故步自封。海洋科学中里程碑式的重大发现都是和前期海洋调查密切相关的。例如，阿尔文潜水器的水下探索，发现了一种全新生态系统；洋底地磁和热流测量，导致板块构造理论问世；大洋钻探导致海洋灾变论产生。凡此种种，都清楚表明，海洋调查是通向海洋科学殿堂的必由之路。

很显然，海洋调查涉及的观测技术是不断发展进步的，比如说，当下不断涌现的人工智能技术、物联网技术、纳米新材料等，都将可能在新的观测设备和观测技术中给我们带来无限的期待和憧憬。尽管至本书付诸出版之时，编者已尽力将本学科当前较新的调查设备与技术作了介绍，但还是可能挂一漏万。海洋调查技术日新月异，本书也需要不断更新和提高。

本书虽名为《海洋观测技术》，但实际上限于编者多年来主要在近岸海洋从事调查研究工作，书中诸多内容的介绍都对近岸海洋有所偏重，所以本书其实更适合河口海岸、陆架浅海等领域的研究生和科技工作者作为参考。需要说明的是，受编者研究水平、眼界视野的局限，书中难免存在错误与不足之处，望读者批评指正，以推动本书的不断完善。

编著者

2019 年 8 月

目　录

第一章　绪论 ··· 1
  1.1　海洋基本知识 ·· 1
    1.1.1　海洋 ··· 1
    1.1.2　近岸水体 ··· 2
    1.1.3　河口 ··· 4
  1.2　海洋水体基本特征 ··· 6
    1.2.1　海洋过程中的尺度特征 ··· 6
    1.2.2　边界效应 ··· 8
    1.2.3　大河入海的影响 ··· 9
    1.2.4　人类活动的影响 ··· 9
    1.2.5　运动形式与监测技术 ··· 9
  1.3　海洋调查发展简史 ··· 10
    1.3.1　航海时期 ·· 10
    1.3.2　科学调查时期 ·· 10
    1.3.3　多船联合调查时期 ·· 11
    1.3.4　立体化海洋调查 ··· 12
  1.4　全球海洋观测系统简述 ··· 13
    1.4.1　热带海洋与全球大气计划（TOGA-COARE） ··············· 13
    1.4.2　全球海洋观测系统 ·· 13
    1.4.3　Argo 计划 ·· 13
  1.5　观测带来的海洋科学变革 ·· 14
    1.5.1　阿尔文潜水器的水下探索发现一种全新生态系统 ········· 14
    1.5.2　大洋底地磁和热流观测产生板块构造理论 ·················· 14
    1.5.3　微体古生物测量重建地球古气候 ······························ 15
    1.5.4　大洋钻探产生海洋灾变论 ····································· 15
    1.5.5　卫星遥感的出现带来全球信息同步 ·························· 15
    1.5.6　先进海洋仪器带来的物理海洋学理论革命 ·················· 16

第二章　调查仪器与观测平台 ·· 18
2.1　海洋调查对象 ··· 18
2.2　观测传感器与观测仪器 ··· 19
2.2.1　海洋传感器 ·· 19
2.2.2　海洋仪器 ··· 20
2.3　观测平台 ··· 20
2.3.1　岸基观测平台 ··· 20
2.3.2　船基观测平台 ··· 21
2.3.3　浮标系统 ··· 22
2.3.4　海床基平台 ·· 27
2.3.5　运动式观测平台 ··· 31
2.3.6　航空观测平台 ··· 34
2.3.7　航天观测平台 ··· 34

第三章　海水温度观测 ·· 36
3.1　温度观测要求 ·· 36
3.1.1　精度要求 ··· 36
3.1.2　层次与时次要求 ··· 37
3.2　测温仪器 ··· 37
3.2.1　颠倒温度计 ·· 37
3.2.2　CTD 温度计 ·· 40
3.2.3　投掷式温度计 ··· 42
3.2.4　遥感测温 ··· 43

第四章　海水盐度观测 ·· 44
4.1　盐度的定义和演变 ·· 44
4.1.1　1902 年传统盐度定义 ·· 44
4.1.2　1969 年电导盐度定义 ·· 44
4.1.3　1978 年实用盐标定义 ·· 45
4.2　盐度观测要求 ·· 46
4.2.1　精度要求 ··· 46
4.2.2　层次与时次要求 ··· 47
4.2.3　测量方法 ··· 47
4.3　盐度测量仪器 ·· 48
4.3.1　CTD 盐度测量 ··· 48
4.3.2　遥感测盐 ··· 49

第五章　流速观测 ··· 51

- 5.1 海流观测方式 ··· 51
  - 5.1.1 拉格朗日方法 ··· 51
  - 5.1.2 欧拉方法 ··· 52
  - 5.1.3 走航测流 ··· 52
- 5.2 海流观测仪器 ··· 52
  - 5.2.1 机械旋桨式海流计 ··· 53
  - 5.2.2 电磁海流计 ··· 53
  - 5.2.3 光学式海流计 ··· 53
  - 5.2.4 声学多普勒海流计 ··· 54
  - 5.2.5 海洋湍流观测 ··· 56
  - 5.2.6 遥感测流 ··· 59
- 5.3 海流测量的共性问题 ··· 60
  - 5.3.1 观测时间选择 ··· 60
  - 5.3.2 测量频率选择 ··· 61
  - 5.3.3 测量站位选择 ··· 61

第六章　泥沙属性观测 ··· 63

- 6.1 泥沙属性 ··· 63
  - 6.1.1 泥沙浓度 ··· 63
  - 6.1.2 泥沙粒级 ··· 64
  - 6.1.3 沉降速度 ··· 64
- 6.2 粒径测量 ··· 65
  - 6.2.1 传统的粒径分析方法 ··· 65
  - 6.2.2 激光粒度分析法 ··· 66
- 6.3 沉降速度测量 ··· 67
- 6.4 浓度测量 ··· 68
  - 6.4.1 光学后向散射浊度仪 ··· 68
  - 6.4.2 测量原理 ··· 69
  - 6.4.3 室内标定 ··· 69
- 6.5 现场激光粒度分析仪 ··· 70
  - 6.5.1 测量原理 ··· 70
  - 6.5.2 操作步骤 ··· 71
  - 6.5.3 方法差异 ··· 71
- 6.6 粒度激光全息照相仪 ··· 71
- 6.7 声学后向散射泥沙反演 ··· 73

　　　　6.7.1　声学泥沙反演原理 …………………………………………………… 73
　　　　6.7.2　非黏性泥沙理论与应用 ………………………………………………… 75
　　　　6.7.3　黏性泥沙理论与应用 …………………………………………………… 76

第七章　波浪观测 …………………………………………………………………… 77

7.1　波浪基本要素 ………………………………………………………………… 77
　　　7.1.1　波浪的基本要素 …………………………………………………………… 77
　　　7.1.2　波浪的统计特征 …………………………………………………………… 78
　　　7.1.3　周期、波长与波速 ………………………………………………………… 79
　　　7.1.4　波向和波峰线 ……………………………………………………………… 80

7.2　观测对象与内容 ……………………………………………………………… 80

7.3　波浪观测 ……………………………………………………………………… 81
　　　7.3.1　人工测波 …………………………………………………………………… 81
　　　7.3.2　压力测波 …………………………………………………………………… 81
　　　7.3.3　声学测波 …………………………………………………………………… 82
　　　7.3.4　重力式测波 ………………………………………………………………… 83
　　　7.3.5　遥感反演测波 ……………………………………………………………… 84

7.4　内波观测 ……………………………………………………………………… 85
　　　7.4.1　锚系观测 …………………………………………………………………… 85
　　　7.4.2　拖曳观测 …………………………………………………………………… 86
　　　7.4.3　中性浮子观测 ……………………………………………………………… 86
　　　7.4.4　水下滑翔机观测 …………………………………………………………… 86
　　　7.4.5　声学观测 …………………………………………………………………… 87
　　　7.4.6　遥感观测 …………………………………………………………………… 87

第八章　潮位观测 …………………………………………………………………… 90

8.1　潮位观测中的基本知识 ……………………………………………………… 90
　　　8.1.1　基本概念 …………………………………………………………………… 90
　　　8.1.2　验潮站站址的选择 ………………………………………………………… 90
　　　8.1.3　海平面变化 ………………………………………………………………… 91
　　　8.1.4　水准联测 …………………………………………………………………… 92

8.2　潮位的水尺观测 ……………………………………………………………… 93
　　　8.2.1　观测与记录 ………………………………………………………………… 93
　　　8.2.2　水位换算 …………………………………………………………………… 93

8.3　自动验潮仪 …………………………………………………………………… 94
　　　8.3.1　压力验潮 …………………………………………………………………… 94

8.3.2　声学水位计 ·· 95
 8.4　遥感观测 ·· 96

第九章　样品采集

 9.1　水样采集 ·· 98
  9.1.1　颠倒采水器 ·· 98
  9.1.2　自动采水器 ·· 98
  9.1.3　沉积物捕集器 ·· 100
 9.2　浅表层沉积物采集 ·· 101
 9.3　重力柱状样采集 ··· 102

第十章　海洋气象观测

 10.1　概述 ·· 104
  10.1.1　观测目的 ·· 104
  10.1.2　观测类型 ·· 104
  10.1.3　观测时间与频次 ·· 105
 10.2　能见度观测 ·· 105
  10.2.1　能见度的概念 ·· 105
  10.2.2　能见度的观测 ·· 105
 10.3　云的观测 ··· 106
  10.3.1　云的分类 ·· 106
  10.3.2　云状的判断 ·· 107
  10.3.3　云状的记法 ·· 107
  10.3.4　云量的估计 ·· 108
 10.4　天气现象观测 ·· 108
  10.4.1　观测内容 ·· 108
  10.4.2　观测和记录方法 ·· 108
 10.5　风的观测 ··· 109
 10.6　气温和湿度观测 ··· 110
  10.6.1　空气温度和湿度的观测要求 ··· 110
  10.6.2　百叶箱的作用与构造 ··· 110
 10.7　气压观测 ··· 110
  10.7.1　气压的定义 ·· 110
  10.7.2　空盒气压表观测 ·· 111
 10.8　海气通量观测 ·· 111

第十一章 海洋物理调查 ······ 115
11.1 海洋声学调查 ······ 115
11.1.1 海洋声学概述 ······ 115
11.1.2 水声环境 ······ 115
11.1.3 声速计算 ······ 116
11.1.4 声速测量 ······ 117
11.1.5 水声通信 ······ 118
11.2 海洋光学调查 ······ 120
11.2.1 海洋光学概述 ······ 120
11.2.2 光的透射性 ······ 120
11.2.3 光的非色素颗粒物吸收 ······ 120
11.2.4 水色遥感 ······ 120
11.2.5 水下光通信 ······ 121
11.3 海洋电磁波调查 ······ 123
11.3.1 电磁波传播特点 ······ 123
11.3.2 传统的电磁波通信 ······ 123
11.3.3 无线射频通信 ······ 124
11.3.4 电磁波通信前景 ······ 125

第十二章 海洋化学调查 ······ 126
12.1 概述 ······ 126
12.1.1 调查目的 ······ 126
12.1.2 调查类型 ······ 126
12.1.3 水样采集 ······ 126
12.2 海洋化学调查研究进展 ······ 127
12.2.1 海水营养盐 ······ 127
12.2.2 二氧化碳系统参数 ······ 127
12.2.3 海水痕量有机物 ······ 127
12.2.4 化学示踪及同位素 ······ 128
12.3 海洋化学要素调查 ······ 128
12.3.1 常规调查项目 ······ 128
12.3.2 海洋化学要素原位调查 ······ 129

第十三章 海洋生物调查 ······ 133
13.1 概述 ······ 133
13.1.1 目的和任务 ······ 133

		13.1.2 调查的项目	133
		13.1.3 采样方法	134
		13.1.4 调查时间	135
		13.1.5 主要仪器设备	135
	13.2	叶绿素与初级生产力	135
		13.2.1 叶绿素 a	135
		13.2.2 初级生产力	135
	13.3	海洋微生物	136
	13.4	浮游生物	136
		13.4.1 超微型浮游生物	136
		13.4.2 海洋微型浮游生物	137
		13.4.3 海洋小型浮游生物	137
		13.4.4 海洋大、中型浮游生物	137
		13.4.5 巨型浮游生物	137
	13.5	大型底栖生物	138
	13.6	游泳生物	139
第十四章	**海洋地质与地球物理调查**		**140**
	14.1	海洋地质调查概述	140
	14.2	水下地形调查	140
		14.2.1 钢丝绳测深	141
		14.2.2 声学测深	142
		14.2.3 机载激光测深	148
		14.2.4 浅海遥感测深	150
	14.3	底质类型调查	151
		14.3.1 底质取样测量	151
		14.3.2 底质声学测量	152
		14.3.3 底质分类技术	152
	14.4	海洋重力调查	157
	14.5	海洋磁力调查	159
	14.6	海洋地震测量	161
		14.6.1 浅地层剖面探测	161
		14.6.2 宽频地震勘探	163
	14.7	海底可视化	164
		14.7.1 海底摄像	164
		14.7.2 电视抓斗	164

    14.7.3　深拖系统 …………………………………………………………… 165

    14.7.4　无人遥控潜水器 …………………………………………………… 165

第十五章　海洋调查组织与过程控制 ……………………………………………… 166

  15.1　海洋观测计划与组织 ………………………………………………………… 166

    15.1.1　重视制定调查大纲 …………………………………………………… 166

    15.1.2　拟订详细调查计划 …………………………………………………… 166

  15.2　仪器和设备的调试核查 ……………………………………………………… 167

  15.3　观测期间的过程控制 ………………………………………………………… 168

    15.3.1　工作日志 ……………………………………………………………… 168

    15.3.2　人员安排 ……………………………………………………………… 168

    15.3.3　测站定位 ……………………………………………………………… 168

    15.3.4　观测记录 ……………………………………………………………… 168

  15.4　应急计划与风险控制 ………………………………………………………… 169

  15.5　海洋调查资料的质量控制与归档管理 ……………………………………… 170

    15.5.1　质量控制 ……………………………………………………………… 170

    15.5.2　异常值处理 …………………………………………………………… 170

    15.5.3　资料归档管理 ………………………………………………………… 171

附录 A　名词缩写 ………………………………………………………………………… 172

附录 B　单位与符号 ……………………………………………………………………… 174

参考文献 …………………………………………………………………………………… 176

后记 ………………………………………………………………………………………… 181

致谢 ………………………………………………………………………………………… 182

第一章 绪 论

  海洋科学是研究海洋的自然现象、性质及其变化规律，以及与开发利用海洋有关的知识体系。随着科学技术的进步，人类对海洋的了解正日益深入，但神秘的海洋总以其博大幽深，吸引着人们对它的思考、向往和探索。从古至今，它给我们留下了许多有趣的问题，例如，海洋是怎样形成的？海水为什么是蓝色的？海洋的年龄有多大？科学层面的问题更是层出不穷：上升流对近岸海域的动力以及其生态系统有什么影响？次表层流携带环境废水流至何处？波浪如何损毁海面钻井平台和海岸建筑物？无论是科普还是科学层面的问题，其解答都离不开对实际对象的观测与实验。事实上，海洋调查是获取海洋科学数据最基础，也是最重要的手段。可以说，海洋科学是一个迷人且具有挑战性的科学领域。

1.1 海洋基本知识

1.1.1 海洋

  众所周知，地球表面70.8%被水覆盖，其中的97%是海水，海洋的面积约为3.62亿km^2，体积约为13.7亿km^3，它的平均深度为3781 m，可见海洋在地球上占有非常深广的空间。辽阔的海洋与人类活动息息相关。海洋是水循环的起始点，又是归宿点，它对气候调节、温度平衡有巨大的作用。

  人们在习惯上把海和洋统称为海洋。其实，海洋的中心部分叫"洋"，边缘部分叫"海"。海洋的主体是海水，它是地球表面包围陆地和岛屿的广大而连续的含盐水体。除海水外，海洋还包括溶解和悬浮于其中的物质、生活于其中的海洋生物、邻近海洋上空的大气和围绕海洋边缘的海岸与海底。可见，海洋是一个由固态、液态、气态三态物质组成的无机物和有机体共存的复杂系统。

  海底地形在空间分布上差异很大，按照海洋的深浅和海底起伏的形态，海底地形大致可以分为大陆边缘、大洋盆地和大洋中脊（图1-1）。大陆边缘是大陆与洋底的过渡地带，约占总海洋总面积的22%，一般由大陆架、大陆坡、大陆隆三部分组成。大洋盆地是海洋的主体，介于大陆边缘和大洋中脊之间，约占总海洋总面积的45%。大洋中脊是屹立于大洋底部的巨大山脉，相对高差在3000 m以上，连绵数万千米，呈全球规模构造，纵贯四大洋，约占总海洋总面积的33%。

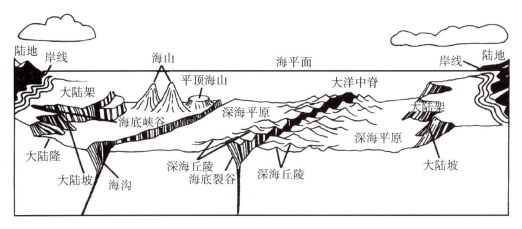

图 1-1　洋底的主要组成

1.1.2　近岸水体

什么是海岸？什么是近岸水域？目前还没有统一的定义。它在军事、政治、科学、经济上的界定各不相同。一般来说，它的范围是从大陆架边缘开始向内海方向直到对海流运动产生影响的边界为止。

1.1.2.1　海岸带

海岸带包括海岸地区和近岸带。从海岸陡崖向陆延伸至海成阶地或沙丘地等为海岸地区。海岸带有一些较大的地形，如大小海湾、潟湖、海岸沙丘、河口和三角洲。海岸带的向陆界线很不固定。1980 年，我国为了确定全国海岸带调查的范围，将内界暂定为向陆延伸 10 km。从海岸陡崖的基部或海岸线向海方向穿过海滩至波浪、水流频繁活动的破波带外缘，这一范围为近岸带。对近岸带外侧界限的深度，一般取水深等于波长的深度，也即为海岸带的外界（图 1-2）。我国取 10～15 m 水深处为海岸带向海延伸的界线。

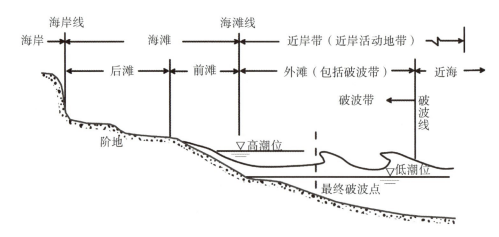

图 1-2　海岸带断面

英曼（D. L. Inman）曾提出，海岸带的水域可以考虑包括浅海和整个陆架。虽然近岸浅海的底部是整个陆架的组成部分，水域也是相互依存的，陆架沉积物中仍留有新近地质时期海陆交替变化的残迹，但是，从学科的性质来看，海岸动力地貌学研究领域的海岸带，其外界只好限于与海岸发育直接相关的、泥沙运移和冲淤变化频繁的地带。根据近岸带或海滨带的环境特征，可以将其划分为后海滨、前海滨和内海滨三个部分。

海岸带的管理人员必须具有适合于他们管辖的法定概念。其精确的定义，各国政府有不同的界定。例如，澳大利亚采用的海岸带概念：从前滩的高水位向内陆延伸 1 km 的土地或水域，向海延伸到 30 m 等深线，包括水域、河流的河床和堤岸、河口、小水湾、海湾或受潮汐涨落影响的湖泊。而我国海岸带调查时的概念是由 10～15 m 水深水域到海岸线向陆地延伸 10 km。

1.1.2.2　大陆架

大陆架涉及海洋学科的物理概念，又与当前的法律概念有关。其物理概念关系到大陆陆地物质向海洋延伸的问题；大陆架是大陆周围被海水淹没的地带，是大陆向海洋洋底的自然延伸，其范围是从低潮线起以极其平缓的坡度延伸至坡度突然变大的地方为止（自然科学观点）。根据在大陆架边缘附近进行大量调查的资料，得出一个平均大陆架的综合设想。这是一个由陆架宽度为 65 km 组成的具有象征性的实体，它以 1/500 的梯度下降到最外水深为 128 m 的边缘为止。大陆架终止于陆架坡折点处，这里的梯度增加至 1/20，陆架坡折之外为大陆坡。

大陆架的法律概念是不清楚的，因为从海岸伸延的大陆架的距离变化非常大。有些地方不存在充分确定的大陆架。太平洋上的大小岛屿实际上是深海中山岳的延伸部分；而另外一些地方的大陆架却可以伸延数百千米，如澳大利亚西北部海岸外海。大陆架是邻接海岸但在领海范围以外深度达 200 m 或超过此限度的上覆水域的深度，容许开采其自然资源的海底区域的海床和底土。

1.1.2.3　海岸线

海岸线的一种最简单的定义是指海洋和陆地两者之间的界线。在一幅地形图上，似乎可以充分确定它的外表形状，然而，这条界线常常是不连续的，或者是粗略地确定的。多数人都认为，由海洋与陆地界线共同组成的滨海线等于海岸线。理解海岸线涉及 3 个问题：①海岸线怎样确定？②海岸线是变化的？③海岸线分形问题？

海岸线的原始定义就是陆地与海洋的交界线。对于海岸线，除大比例尺海图外，在大多数地图上只画一条简单的曲线，但是实际上却要复杂得多。一方面，由于潮汐的进退、海平面的变化等种种因素的影响，海岸线一直处于缓慢地变化之中，原因既有海岸侵蚀造成的岸线后退，也有河口冲淤或围海造地所致的岸线向海推进。另一方面，海岸线的定义也存在着很大的人为因素和行政因素。因此，海岸线的位置是很难确定的。

海岸乃是陆地靠近海洋的一部分地域，它受海洋的作用而不断发生变化。在冰川期间比现在或大或小的范围内，过去的海平面曾有过大于 100 m 的变化。海滩向海方向终止于海岸线上，它的范围可以粗略地按照最高潮水位和最低潮水位来确定。海滩总是处于动态平衡的状态，例如，一个砂质海滩，或许它的泥沙成分始终是砂，但是，它不可能始终是同一种砂。在海浪和近岸流作用下，泥沙会沿着海岸进行连续不断地搬运与交换。

在比例尺不同的地形图中量算出的海岸线是不一样的，如比例尺为 1 : 12000000 就会比更详细的地形图 1 : 10000 中量算出的要小，因为小比例尺地形图可能平滑掉一些港湾、海湾、岬角及河口等。近年来，这个问题引起了数学家的注意，他们试图用称为"分形"的一种形态分类，模拟实际海岸线的粗糙度和不规则性。

不论是发达的沿海国家，还是发展中的沿海国家，也不论其海岸管理制度是否系统健全，大多国家都选取了把平均高潮线确定为海岸线的标准（图 1 – 2）。

1.1.3 河口

河口（estuary）作为一种特殊的近岸水体，这里将其单独列出讨论。世界上大多数河流都是以海洋或湖泊作为它们的受水盆地，河流与受水盆地汇合的河段一般称为河口，这里仅讨论入海的河口。"河口"一词来自拉丁文的"aestus"，意思是潮汐的。《牛津辞典》的定义是：大河的潮汐进出口，那里的潮水与河水相汇合。《韦伯斯特辞典》则解释河口为：通道，在通道范围内潮水与径流相汇合。更普遍的解释则认为河口是河流下游终端的海湾。从自然地理的角度来看，河口湾是海岸的沉溺谷地（图 1 – 3）。从更专业化的角度看，比较广泛为河口学家接受的有如下两种定义。

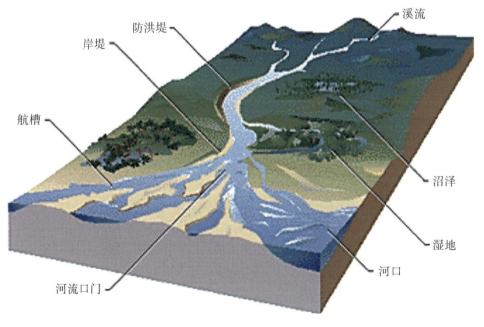

图 1 – 3　入海河流及河口

1.1.3.1　普里查德的河口定义

普里查德（Pritchard）认为，河口是一个与开阔海洋自由相通的半封闭的海岸水体，其中的海水在一定程度上为陆地排出的淡水所冲淡。其定义包括以下几方面的

含义:

（1）河口是一个"半封闭的海岸水体"。因此,它的环流类型在相当程度上受到侧向边界的影响。普里查德认为,侧面边界是河口的重要特性,应在河口定义中加以考虑。按照定义,河口是海岸水体,它的大小是有一定限制的。河口是海岸的一部分而不构成海岸,可以排除像波罗的海、波的尼亚湾和芬兰湾等水体,因为在这些大水体中,侧向边界对水体的运动学和动力学特征的影响已失去其重要性。这样也可以把冲淡水在开敞海岸向外延伸的大海域从河口范畴中排除,如美国长岛与哈特拉斯角间的内大陆架。

（2）"海岸水体与开敞海有自由联系。"怎样算"自由"？这种联系必须足够允许海洋与河口间的水交换基本上是连续的,有足够的盐水经常维持河口环流的特征。这个限制排除了那些涨落潮流不能在整个潮周期内自由通过的半封闭的海岸水体,例如,南美洲的"隐蔽河口"（blind estuary）。此类河口的特点是被由沿岸漂沙产生的沙嘴部分封堵,每年旱季时可能完全被封住,仅在大雨时连通。因此,它是海岸潟湖,不是河口。

（3）河口的海水"被流域的淡水明显地冲淡",即在这里必须有盐水和淡水的混合。这一规定的物理意义是,海水被河水冲淡,产生密度梯度,从而导致河口特有的垂直密度环流。按照普里查德的定义,河口的上界是盐水入侵的上界,河口的长度就是口门到上界的距离。河口动力学文献,特别是欧美的文献普遍接受普里查德的定义。但在实际应用中,许多河口研究文献将海湾、海峡、潮汐通道和潟湖都列入河口的范畴。

1.1.3.2 费尔布里奇的河口定义

费尔布里奇（Fairbridge）建议采用迪安内（Dianne）的河口定义,即"河口是河流与海洋之间的通道,它向陆延伸到潮汐作用的上界。这个范围通常可以划分为三段:海洋段或河口下游段,它与开阔海洋自由联系;河口中游段,那里的盐、淡水发生混合;河口上游段或河流河口段,主要为淡水控制,但每年受潮汐影响"。这三者随径流量变化而发生迁移。

实际上,迪安内的河口定义与萨莫依洛夫的河口定义几乎是相同的。萨莫依洛夫将河口划分为河流近口段、河流河口段、口外海滨段等组成部分。河流近口段,通常指潮区界（潮汐影响的上界）和潮流界（潮流影响的上界）之间的河段,潮汐作用使这一河段的水位产生有规律的涨落,水流的流向始终指向下游方向。河流河口段,那里的水流可以是单一的水流,也可能分叉形成三角洲网河。在这一河段里,径流和潮流两种力量相互消长;愈向上游,径流作用愈显著;愈向下游,潮流逐渐加强。口外海滨段,它是从河口段的海边到滨海浅滩的外界。在大陆架狭窄的地区,口外海滨的外界和大陆坡相连接。

以上定义在一定程度上反映了不同学科对河口特征的着眼点和理解的不同。普里查德的定义以及他本人对定义的解释说明反映了河口海洋物理学家的特点,定义强调河口水流运动的运动学和动力学受边界条件的影响,并以此区别河口与其他水体,如海湾、潟湖,同时,认为密度梯度是河口环流最重要的驱动力。萨莫依洛夫和迪安内从河口的宏观、形态与动力加以定义。他们强调河口的动力是海洋和潮汐,同时也突出了河流的作用。而在普里查德的定义中,河流是通过淡水来体现的。两种定义的区别还在于它们对河口上界的规定：普里查德的河口上界是以盐度为指标的，那里盐度大体下降至 0.2 psu；而萨莫依洛夫和迪安内定义的河口上界是潮汐影响的上限（即潮区界）。

1.2 海洋水体基本特征

海洋科学研究的空间范围可以简单地划分为深海和近岸水域，这两个水域水体性质的差异绝不仅仅是水深的巨大差别。下面简单从尺度特征、边界效应、人类活动影响等几个方面对比深海与近岸水域水体性质的不同。

人口、资源与生存环境的持续发展是 21 世纪人类面临的巨大挑战。无论从海岸带与近海环境的独特性、资源丰富性以及在人类生存环境持续发展中的重要地位等方面来讲，近岸海洋科学都是承担解决这项历史性任务的重要环节，具有优先发展的战略地位。1994 年 5 月，联合国教科文组织在比利时列日大学召开的海洋工作会议明确地提出，海岸海洋（coastal ocean）的范围包括海岸带、大陆架、大陆坡及坡麓的大陆隆起，是海陆相互作用的关联体系，相应的学科即"海岸海洋科学"，而与深海或大洋科学相区别。习惯上，海岸海洋也称为近岸海洋。

一方面，近岸海洋的科学研究方法与深海是近似的或相通的，很多深海研究的成果可以在近海海洋或河口海岸的浅水区域中应用；另一方面，近海海洋学的研究也有其自身特色，在许多方面与深海不同，以下简要述之。

1.2.1 海洋过程中的尺度特征

海洋过程或行为可以跨越一个广泛的时间和空间尺度（图 1-4）。时间尺度可以从 10^{-2} s 左右的湍流脉动，跨越到以分钟为典型周期的风浪、数小时的风暴潮和洪水、数十小时的潮汐波动、数天的亚潮输运，至沙坝潟湖的季节封闭、丰枯水更替的年际变化，河口沙坝、海岸岸线或三角洲演变的多年到百年变化（10^{10} s）。对应的空间尺度从泥沙颗粒粒径（10^{-2} mm），到河口海岸地貌结构（10^2 km）。可以看出，这些行为的时间或空间尺度跨度达 10^{10} 量级以上。

一般而言，海洋过程的大小尺度之间存在这样一种关系：大尺度过程为小尺度过程提供边界条件；小尺度过程则要么是大尺度过程的噪声，要么在平均意义上对大尺度过程有所贡献。多尺度现象并不是海洋科学独有的，它普遍存在于数学、物理学、化学、材料科学、生物学、流体力学等各个领域，只是仍不得而知的是：这些跨尺度行为之间的耦合或解耦机制是什么。

从认识论层次上来看，人类对事物的分析和讨论会选择合适的尺度进行。针对自然界的多尺度性，Pattee 和 Simon 等从系统论、数学和哲学等角度在 20 世纪六七十年代提出并发展了层次理论。层次理论的核心观点之一是各层次之间的过程、速率的差异。从层次理论中的术语"层次"我们可以看作"尺度"。这样看来，河口海岸过程的各尺度动态行为中，速率具有明显的差异。如图 1-4 所示，湍流基本上是河口过程中最小的

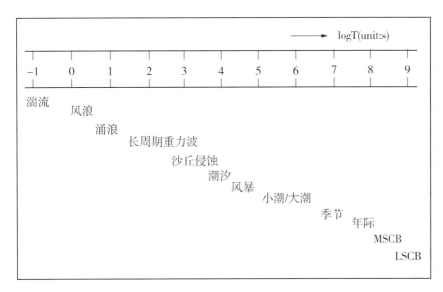

图1-4 河口海岸学中的多尺度行为

尺度，其动态行为表现出频率高和速率大的特点；而像河口拦门沙发育、岸线演化等中尺度海岸行为（MSCB）、大尺度海岸行为（LSCB），其动态行为表现出频率小和速率小的特点。

同时，不同尺度的过程相互作用，高层次（或大尺度）结构对低层次结构（或小尺度）有制约作用或形成边界约束，例如，平均流的梯度决定湍流强度；而低层次（或小尺度）结构对高层次结构（或大尺度）提供机制和功能。由于小尺度结构具有尺度小、频率高和速率大的特点，在分析大尺度行为时，小尺度信息往往可以用平均值的形式来表示，例如，泥沙的输运往往与潮流的非线性余项（余流）建立关系。

1.2.1.1 空间尺度差异

大洋的典型空间尺度 L 一般可取为 $10^6 \sim 10^7$ m。近海及河口地区的空间尺度一般为 $10^3 \sim 10^5$ m。空间尺度的差别导致了水体运动驱动力相对重要性的差异。可以通过两个无量纲数考查，一个是罗斯贝数（Rossby number），一个是艾克曼数（Ekman number）。罗斯贝数的表达形式为 $R_0 = \dfrac{U}{FL}$，或表示为

$$R_0 = \frac{U^2/L}{FU} \tag{1-1}$$

式中，U，F，L 分别是流速、科氏力系数和水平距离的尺度。从式（1-1）看出，R_0 代表非线性项与科氏力项的相对重要性。当 $R_0 \ll 1$ 时，水流运动的非线性项可以忽略，代表大尺度运动。在大洋内部，$R_0 \le 10^{-3}$；在其他海区，R_0 可能较大。在近海或河口海岸地区，罗斯贝数一般在 $10^{-1} \sim 10^0$，非线性作用显著，不能认为是大尺度环流。在中纬度地区，$F \approx 10^{-4}$，当 $L = 10^4$ m 时，$R_0 \approx 1$，即非线性项与科氏力项均不可以忽略。

另一个无量纲参数是艾克曼数，垂直艾克曼数为 $E_z = A_z/FH^2$，或水平艾克曼数为 $E_x = A_x/FL^2$，其实质为

$$E_x = A_x \frac{U}{L^2} \frac{1}{FU} \qquad (1-2)$$

式中，A_x，A_z 分别是水平和垂直涡动扩散系数，H 是海域的垂直尺度。在河口地区，x 和 z 方向的尺度往往是不一样的，A_x，A_z 也不一样；而在大洋内部，一般可以视为相等。对于大洋内部，$E_z \leqslant 10^{-3}$，即与科氏力项相比，涡动扩散项可以忽略。对于河口区，当 $L = 10^3 \sim 10^4$ m 时，湍流摩擦项是不可以忽略的。

1.2.1.2 时间尺度差异

大洋环流是大洋的重要和特征性的运动形式，它的主要驱动力是风。大洋环流的特征时间尺度经常取 10 天或更长。河口海岸及近海的特征水流运动是潮流，在正常天气状况下，近海水域潮流的能量远远超过其他要素驱动的能量（图 1-5）。但近年也有研究表明，低频水流运动的输运能力可以大大超过潮流输运。潮流的特征时间是以小时计的。时间尺度的差异对于研究对象的动力特性、观测方法均有深刻的影响。

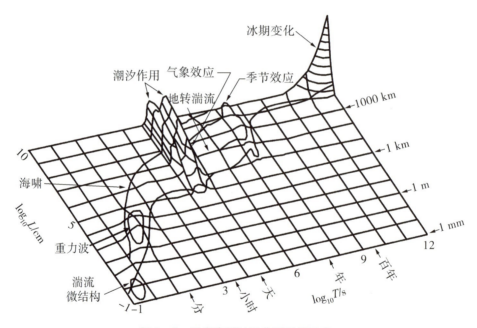

图 1-5 近岸海洋过程典型时间尺度

一定时间尺度的驱动因子匹配相近的空间尺度上的地形过程。然而，在某些特殊时间尺度上产生的驱动效应，往往比其对应的空间尺度要大得多。例如，风暴、台风或洪水等事件过程，对应的时间尺度一般是数天，而它引起的强烈的地貌形态的变化、对应的时间尺度相当于缓变条件下数年甚至更长期的结果。

1.2.2 边界效应

海洋是有界的，与大气、海底、海岸线之间存在不连续界面，海洋内部也存在密度跃层，而近海水域的边界层与大洋相比显得尤为重要。在海洋中，边界条件是非常重要的，因为除了重力、科氏力和天体引力可以直接作用于海水内部的水体质点，其余的外力（如风、气压、底摩擦）均通过边界作用影响海水运动。海底和海岸线对水体运动除了构成直接的限制，还通过边界层效应影响水体的运动。近岸海洋和大洋所考虑的边界有所不同。对于大洋，在许多情况下，海气界面是关注重点；对于近岸海洋，底边界和侧向边界可能更重要。而一般而言，岸线边界对于许多近岸环流有界定性的作用。

1.2.3 大河入海的影响

大河注入海洋，携带流域输入的大量淡水、泥沙、不同生物种群、营养物质及各种污染物，在河口附近，带来复杂的动能、位能和浮力的变化，形成多种尺度的环流结构，造就近岸海洋中独特的物理海洋环境和生态动力环境。相对而言，远离陆域的大洋则受入海河流的影响甚微。

中国河流每年向海输送的泥沙达 20×10^8 t，其中，珠江口达 8×10^7 t。河流入海物质首先输送至海岸带，形成泥沙和流的沿岸运移或离岸扩散。以中国为例，陆地的有机质、重金属及其他溶解质污染物约有 1/3 被河流输送至近岸海洋。陆地的有机物与营养盐促进了沿海的鱼类繁殖，而石油、汞、镉、锌、砷、铬、铜等将污染近海环境，并且污染物的数量与种类日趋增加，造成沿海各经济区海岸带与近海亟须要解决的环境问题。

1.2.4 人类活动的影响

与大洋相比，近岸海洋是受人类活动影响最深的海洋水域。人类活动对近岸海洋的影响几乎是全方位的，从大规模海岸工程（如河道采沙、航道疏浚、滩涂围垦）到渔业捕捞、污染物排放等，均给海洋生态环境带来了重大变化。目前，我国大规模西部开发也必将对东部海岸带和近海产生重要的、深刻的与长远的影响，我们应该及早研究，做出相应的计划与措施。

1.2.5 运动形式与监测技术

海洋是一个动力系统，在时间及空间上都处于不断变化之中。近岸沿海地区，由于边界的影响，加上气候及季节变化等因素，近海的波、潮、流和小气候系统有别于大洋，形成了大量中小尺度的动力结构，其变化更加细微复杂，一般需要更高分辨率的监测手段。

近海，特别是大河河口附近海域的监测与大洋的监测有其共同之处，也有明显的区别。监测对象的参数变化范围和分辨率的不同，将直接关系到系统设计和仪器应用，例如，气象卫星的分辨率可以满足大洋监测的要求，而对于近岸海洋地区，这一分辨率就显得不足；声学设备（如 ADCP、测深仪等）发射频率和采样率，也应根据研究区域的水深条件选择合适的对应参数。

温度、盐度在大洋中对于斜压驱动的作用，往往是同一量级的变量，但在河口地区，盐度梯度对于密度的影响往往较温度梯度大一个数量级，而密度梯度环流是河口最重要的动力特征之一。此外，河口及附近海域的悬移质浓度较大洋一般高几个数量级，从而大大增加了测量仪器设计与观测的技术难度。

在过去的30年中，人们对物理海洋学的认识和理解有了长足的进展。其中，少数来自实验室的工作与实验，而大部分则来自学者们对世界各地的深海经过艰苦卓绝的海洋调查收集来的资料。长期以来，深海中令人激动的发现和成就已使近岸与河口海洋学黯然失色。不过，当人们所面临的近岸环境重新被关注时，科学家们已开始把他们的物理海洋学知识应用到近岸海洋及河口中来，虽然他们有时也会感到这方面知识的不足。近岸水体有其自身内在的变化规律，它们是复杂的，这就有必要进一步去了解它们。另外，我们从对海洋的研究中知道，海洋中的盐度变化是十分微小的。因此，当把海洋研究中的成果应用到盐度变化激烈的河口地区时，应当十分谨慎。

1.3 海洋调查发展简史

在自然条件下对海洋中各种现象进行直接观测是海洋科学的基本研究方法。这些观测应是周密计划的、连续的、系统而多层次的、有代表性的。直接观测获得的信息既可为实验、理论与数值模型研究提供可靠的借鉴，也可对其结果予以检验。

海洋调查是借助各种观测平台（或系统），搭载各类观测仪器对海洋中表征物理学、化学、生物学、地质学、地貌学、气象学及其他相关学科的特征要素来进行观测和研究的科学。海洋调查方法是指在海洋调查实施过程中，关于平台建设、仪器使用、站位设置、资料整理与信息分析的方法和原则。

通过海洋调查科学活动，获取海洋环境要素资料，揭示并阐明其时空分布和变化规律，为海洋科学研究、海洋资源开发、海洋工程建设、航海安全保证、海洋环境保护、海洋灾害预防提供基础资料和科学依据。

1.3.1 航海时期

史前、上古时期的中国海洋先民，正是通过海上交通建立起大陆与沿海之间、沿海与岛屿之间、岛屿与岛屿之间的联系网络。他们不断向大海挺进，促成了"环中国海"海洋文化圈的形成。

早在15世纪至18世纪末的"大航海时代"，欧洲人便用当时的船舶开展一些海洋调查活动，其中，主要代表为哥伦布发现新大陆、麦哲伦环球航海、詹姆斯·库克航行至澳大利亚、达尔文随船环球探险等。这一时期的海洋调查主要是发现航路，船上大多仅安装大炮等武器装备，并没有专业的海洋调查设备，勘查对象主要是海上航线和陆地。

1.3.2 科学调查时期

1831—1836年，英国达尔文（Darwin Charles Robert）在"贝格尔"（Beagle）舰上进行南半球的航行时，开展了地质和生物考察，其在1859年出版了《物种起源》一书，提出生物进化论，引发了生物科学的巨大革命。

英国"挑战者"号（Challenger）配备了当时最先进的调查仪器设备并增设独立的自然史室和化学实验室，其在1872年12月至1876年5月，历时3年多，穿梭于太平洋、大西洋和南极冰障附近，完成了世界上首次环球海洋科学考察，开创了有系统、有目标的近代海洋科考先河，开启了人类从宏观上对世界海洋水体进行科学研究并探索其自然规律的新时代。

美国"特斯卡洛拉"号（Tuscarora）于1873—1875年在太平洋中考察了水深、水温、海底沉积物等，发现了特斯卡洛拉海渊。

摩纳哥"希隆德累"号（Hirondelle）、"爱丽丝公主"号（Pincess Alice）等则于1885—1915年在赤道至北极圈的大西洋、北冰洋、地中海进行了海洋物理、海洋生物的观测，发现了新的海洋生物，获取了大西洋的表层海流图，出版了《世界海深图》，还发现了地中海深层水流向大西洋等现象。

挪威的"弗腊姆"号（Fram）于1893—1896年在北冰洋进行横断闭合调查，发现了死水现象与北极海流系，以及风海流偏离风向右面30°～40°，这一结果促使了埃克曼漂流理论的产生。这一时期的海洋调查不仅关注世界海洋表面，而且关注海面以下的空间以及海流、温度等海洋物理、化学、生物和地质等方面的变化规律，因而与中世纪的"发现新大陆"有本质的不同。与此同时，受限于当时的技术条件，各国海洋调查均仅能进行以生物调查为主的综合性海洋调查，且全部为探索性的走航调查，而不是针对特定海区的专门调查。同时，调查站位分散、调查能力有限、调查时间漫长、调查方法不统一，这是单船调查时代的统一弊病，这也促进了多船联合调查时期的到来。

1.3.3 多船联合调查时期

大规模的多船联合调查时期大致从20世纪50年代开始，如1957—1958年国际地球物理年（IGY）、1959—1962年国际地球物理合作（IGC）的联合海洋考察，调查船达70艘之多，参加国达17个以上，其规模之大是空前的，调查范围遍及世界大洋。到20世纪60年代，参与到海洋联合调查中的国家越来越多，其中主要有1960—1964年国际印度洋的调查，1963—1965年国际赤道大西洋合作调查，1965—1970年（后延至1972年）黑潮及其毗邻海区合作调查等。

这一时期的海洋调查不仅涵盖以生物调查为主的综合性海洋调查，还逐渐承担起海水理化性质和地质地貌调查任务。20世纪20年代以后，德国建成"流星"号调查船，船上首次安装回声测深仪并应用其他近代科学方法。"流星"号的问世标志着综合性海洋调查船由以生物调查为主的时代进入以海水理化性质和地质地貌调查为主的时代。

多船联合调查时期也产生了许多重要的海洋发现。1970年，在大西洋东部海区，苏联应用几十个多边形方式布置的资料浮标站（调查代号即为"多边形"），经过半年多的观测，发现在这个弱流区内（平均速度为 $1\ cm\cdot s^{-1}$），存在着速度达 $10\ cm\cdot s^{-1}$、空间尺度约为100 km、时间尺度为几个月的中尺度涡流。1986—1992年的中日黑潮合作调查，对台湾暖流和马暖流的来源、路径和水文结构等提出了新的见解，加深了人们对海洋锋、黑潮路径和大弯曲等的科学认识。

1.3.4 立体化海洋调查

随着对海洋了解的深入，传统的观测方法已无法完全满足对许多重要海洋过程在时空尺度上进行有效采样的需求。随着卫星遥感技术、水声探测技术、雷达探测技术、传感器技术、通信技术和水下组网技术的发展与进步，海洋观测技术向自动、实时、同步、长期连续观测和多平台集成、多尺度、高分辨率观测方向发展，形成从天空、水面、沿岸、水下、海床的立体观测（图1-6）。

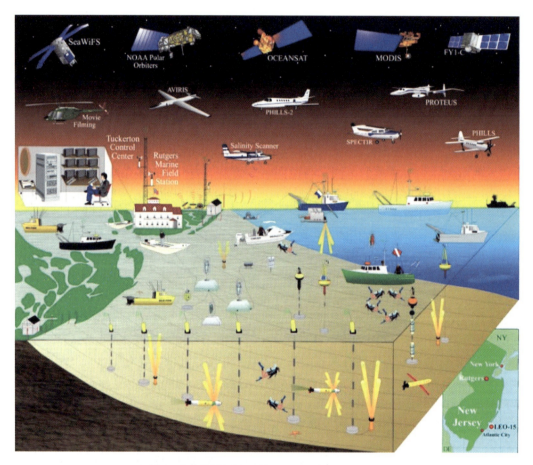

图1-6 美国新泽西州LEO-15海底观测系统

综上所述，随着调查技术水平的提高、调查仪器设备的更新换代、海洋调查需求的深入，以及海洋调查船在船舶自动化、计算机网络化、建造模块化、船型多样化、调查学科专业化、型值合理化方面的发展，海洋调查工作不断地向前深入推进，从而促进海洋科学的不断进步和发展。

1.4 全球海洋观测系统简述

1.4.1 热带海洋与全球大气计划（TOGA-COARE）

热带海洋为大气提供了大量的能量，而动量、热量和水汽的湍流输送作为其基本的物理过程在海洋和大气的相互作用中具有非常重要的作用。因此，对海洋和大气间能量交换的定量认识是我们深入了解大气环流系统的基本要求。1985—1993 年，包括中国在内的各国科学家在赤道西太平洋上开展了"热带海洋与全球大气"研究计划以及"耦合海气响应试验"（TOGA-COARE），进行了大量的海洋大气观测试验，包括海气边界层和海气通量观测，其主要目的在于了解西太平洋暖池区（warm pool）的海气耦合机制，从而改进和完善全球海洋与大气系统模式。

TOGA 是 1991 年以前的中美合作项目，在此基础上，中美继续深入推进了热带西太平洋海气耦合响应试验，即 COARE。其强化观测期为 1992 年 11 月 1 日—1993 年 2 月 28 日，在热带西太平洋暖池区设置了由 4 个卫星系统、7 架飞机、14 条调查船、31 个地面探空站、34 个锚系浮标和几十个漂流浮标组成的一个立体观测网进行观测。

1.4.2 全球海洋观测系统

2003 年 7 月 31 日，第一次政府间地球观测部长级会议在华盛顿召开，并通过了华盛顿宣言。宣言指出为了持续观测地球的状态，增进对地球动态过程的理解，提高对地球系统的预报能力，进一步加强地球观测战略与系统间的协调，最大限度地缩小数据鸿沟，要力争建立一种或多种综合、协调和持续的地球观测系统。这就是多系统集成的（或分布式的）全球地球观测系统（GEOSS）的来源。GEOSS 的目标是建设一个多系统组成的全球地球观测系统，努力实现对全球陆地、大气、海洋的立体观测和动态观测。通过 GEOSS，人类将会对地球系统进行更完全、更综合的观测和认识，并扩展全球范围的观测与预警能力。GEOSS 建设的关键问题是：统一观测标准，获取同步、实时、长期、全球、高质量的时空环境信息。

GEOSS 对海洋的观测主要依靠全球海洋观测系统（GOOS），GOOS 包括从空间、空中、岸基平台、水面、水下等多平台对海洋进行持续的立体观测，及对海洋场（ocean fields）的相关分析与拟预测，因此，GOOS 是 GEOOS 的一个子系统。

1.4.3 Argo 计划

1998 年，由美国等国家的大气和海洋科学家提出的全球海洋环境观测试验项目"Argo 计划"，旨在快速、准确、大范围收集全球海洋上层的海水温度、盐度剖面资料，从根本上解决目前天气预报中海洋内部信息匮乏的局面，以提高气候预报的精度，有效防御全球日益严重的气候灾害（如飓风、龙卷风、台风、洪水等）给人类造成的危害。

　　由 Argo 浮标组成的全球海洋观测网，每年可提供多达 10 万个 2000 m 以浅的剖面温度和盐度的观测资料，有助于科研工作者了解全球海洋垂向水层的物理状态和空间物理要素的分布，以加深对海洋过程的认识，揭示海-气相互作用的机理。同时，这些资料可以提高短、长周期天气预报预测能力，有效防御全球性气候和海洋灾害带来的危害。

1.5　观测带来的海洋科学变革

　　正是一系列的海洋观测直接促成了海洋科学的重大发现。"挑战者"号环球海洋考察及其发现奠定了现代海洋生物学、海洋化学与海洋地质学的基础。它的科学意义不容忽视，主要体现在：①调查中第一次使用了颠倒温度表；②得到了世界各海域海水化学成分恒定的重要结论；③新发现 4400 多种海洋生物，其中，甲壳类约 1000 种；④发现大量深海动物，证明生物在深海可以生存，能够承受巨大水压；⑤绘制了等深线图；⑥首次在大西洋深海底采到了锰结核，并发现了深海软泥和红黏土。

1.5.1　阿尔文潜水器的水下探索发现一种全新生态系统

　　1977 年，伍兹霍尔海洋研究所的阿尔文潜水器在加拉帕戈斯群岛外面下潜到 3000 m 海底时，意外地发现了水温高达 350 ℃以上的热液喷泉。在沸腾的海水中，生活着约有 30 cm 甚至更长的大型蛤类和 2～3 m 长的管状蠕虫。生物海洋学家在思维上经历了一次前所未有的震撼：在如此深度、完全缺少阳光的高温环境里，为什么可以生活如此多的生物？是什么营养物质使这些生物茁壮成长？过去的观点认为，所有形式的生命都依赖光合作用，依赖有阳光参与的新陈代谢。即使是生活在海洋深处阴暗角落的海参，也需要从有阳光照射的海面沉降下来的有机质生存。但在热液喷泉口地带，动物群落却能靠一种以微生物的硫化氢代谢作用为始点的化学合成过程以生存，不能不让人赞叹这是一种生命的奇迹。于是，一种新的生态系统刺激着每一个人的想象力，改变了我们星球上生命最早起源的一些传统观点，有人甚至把目光转向火星上的火山岩体及木卫二（又名欧罗巴，木星的天然卫星之一）的具有冰盖的海洋。

1.5.2　大洋底地磁和热流观测产生板块构造理论

　　在 20 世纪 50 年代前，人们对地球成长的历史依然缺乏统一的意见：地球是膨胀的还是收缩的？大陆是漂移的还是固定不动的？争论不休，莫衷一是。

　　20 世纪 60 年代，斯克里普斯海洋研究所在太平洋上测量洋底岩石中的剩余磁性，发现岩石中磁性条带东西宽度仅有几十到几百千米，而南北方向却长达数千千米；并且以洋中脊作为对称线，两边磁性条带强弱和宽度呈对称分布；洋中脊地质年龄最新，离开洋中脊越远，岩石年龄越老。在大西洋和印度洋都发现类似现象。继之而来的海底热通量测量表明，洋中脊处热流最高，而大洋边缘海沟内热流只有洋中脊的 1/10。当时就有人预言，这是一个划时代的发现，将如启明星那样出现在人类视野的天际。

20世纪60年代初，赫斯和迪茨提出了"海底扩张说"：新的洋壳沿着大洋中脊轴部产生，因此，这里的地壳是最年轻的也是最热的。新的地壳物质在上升过程中不断将老的洋壳推向两边，形成两条巨大的背道而驰的地质传送带，将地壳从它产生的地方运移出去，运移速度为每年 1～5 cm。

20年代中后期，威尔逊等一批科学家根据更多的陆地海底资料，将海洋和陆地的构造运动统一考虑，提出了使地球一元化的全球构造理论——"板块学说"。板块学说可以清晰地解释地震和火山的分布，精确地预测生物相关种属的分布和演化模式，并能正确地勾勒出海底循环的可能途径（如洋脊处地壳生成和海沟处地壳消亡）和这种循环引起的海水化学性质的改变。在热液喷泉口的化学合成地区，板块构造理论甚至可以解释生命起源问题。

1.5.3 微体古生物测量重建地球古气候

生物学家利用海洋微体古生物的钙壳和硅壳，研究岩芯的生物地层学。这些岩芯表明，由于某些未知的原因，海洋中碳酸盐的补偿深度是随时间而变化的，海平面也是如此。更进一步的研究表明，历史的气候曾经发生过突然的波动，喜暖的到喜冷的海底浮游生物随着气候也迅速发生变动。其速度之快，不可能用板块漂移（这种漂移速度小得多）至不同的气候带来解释。

然而，生物地层的分辨率太低了，用它不能计算气候变化速率，也不能建立绝对的全球内在联系。后来，英国海洋地质学家沙克尔顿以生物地层为基础，使用高分辨率质谱仪分析井下岩芯重氧同位素（^{18}O）与轻氧同位素（^{16}O）比率的变化，发现这些变化与气候的改变存在明显的相关关系。

1.5.4 大洋钻探产生海洋灾变论

大洋钻探计划已经在全球大部分海域1000多个位置取得了海底沉积物和地壳岩芯，并验证了一些重要的假说，如海底扩张说等。它为分辨率不断提高的地质年代表提供了坚实的基础，该计划取得了来自深海海底以下包括洋壳的组成和演化方面由其他方法无法获得的数据，使人们可以追溯到1.8亿万年前的更为详细的全球古海洋史。

两个特殊的事件更引起了科学家的广泛关注：白垩纪末宇宙火流星与地球撞击和中新世末地中海干涸的事实。火流星事件所依赖的数据一半来自陆上出露的岩石，一半来自海上钻探岩芯，而地中海干涸的发现，则几乎是深海钻探的结果：在地中海几个凹陷底部存在的盐类矿床，这些矿床只能在浅水盐碱沼泽和卤水海盆中形成。这些发现动摇了地学界中传统渐变论的顽固立场，尽管灾变概率很小，但在历史上确实发生过。

1.5.5 卫星遥感的出现带来全球信息同步

卫星遥感是现代最重要的技术发现之一，海洋学家开始是保守的，他们对卫星的重要作用是半信半疑的。但是随着卫星观测在海洋科学领域取得越来越多的成果，海洋学家开始逐渐依赖卫星遥感了。卫星观测的参数包括：海表温度、大气水汽、悬浮物浓度、海平面高度、大地水准面、海流、重力异常、有效波高、波浪方向谱、内波、浅海地形、海面风场、海面污染等。

卫星的工作平台大都在离地面 800～1000 km 的轨道上，与传统的船舶、浮标数据相比，大面积同步测量是其重要优点，且具有越来越高的分辨率，多时相、多平台的组合观测可以满足各种海洋现象变化研究及至全球变化研究的需求。尽管第一颗海洋专用卫星 Seasat 只运行了 108 天就因电源故障而中断，但是在评价这颗卫星的价值时，很多海洋学家认为，它所采集的数据和提供的信息，比以前所获得的观测数据总和还要多。如今，这个数据覆盖了大部分海洋环境参数和信息，全球大洋非常不充分取样的时代已成为过去，卫星遥感至少在海洋表层做到了充分取样。

1.5.6　先进海洋仪器带来的物理海洋学理论革命

1.5.6.1　声学海标测流问世，导致赤道潜流的发现

声学浮标，又叫声呐浮标，把这种浮标投到既定水深处，浮标上的水声装置把浮标位置发回给海面船只，从而可以得知浮标漂移的方向和距离。在赤道处由于其特殊的地理位置，船只无法抛锚观测海流，就可以利用漂流声呐浮标观测赤道潜流，即在赤道附近海域次表层中，位于赤道流之下，自西向东运动的海流，其流速大于位于其上的赤道流。正是由于声学浮标的问世，人们发现了 3 种不同的赤道潜流：①太平洋赤道潜流（又名"克伦威尔海流"），位于海平面下约 100 m 深处，厚度约 200 m，最大流速达 $1.5\ m\cdot s^{-1}$，流路几乎横跨整个太平洋；②大西洋赤道潜流（亦称"罗蒙诺索海流"），位于海平面下约 70 m 深处，厚度约为 200 m，最大流速达 $1.0\ m\cdot s^{-1}$；③印度洋赤道潜流，只有在 3—4 月才微弱出现。

1.5.6.2　微结构观测仪的问世，发现了温盐的阶梯状结构，双扩散理论应运而生

海洋物理要素场的小尺度结构，通常指垂向尺度小于常规海洋学观察层次间距的海水状态参数（如温度、盐度、密度和流速等）的层次结构。这类小尺度的海水结构，一般又可分为细结构和微结构两种：垂向尺度为 1～100 m 的，称为细结构；垂向尺度小于 1 m 的，称为微结构。在微结构现象中，分子过程起着主要作用。

早在 20 世纪 40 年代，海洋学者已开始对海水的温度和盐度铅直分布的细结构进行过初步研究，认为温盐的垂向分布基本是由均匀层和跃层组成，每个层中的温盐变化光滑而连续。但是，随着海洋观测技术的进步，电导率－温度－深度测量仪（CTD）、温度－深度测量仪（STD）、投弃式深度－温度仪（XBT）、投弃式盐度－温度－深度记录仪（XSTD）、热敏电阻测温链、声学剖面仪和自由沉降式微结构剖面仪（MSS，TurbMAP，VMP，AMP）等新型观测仪器先后问世。现代海洋调查能够准确而又快速地观测到海洋水文要素场垂直结构的细节，而且对于微结构观测的分辨率，已达到厘米级甚至毫米级的水平，从而使海洋细微结构的研究得到了很大的发展，并成为海洋物理学研究中的一个非常活跃的领域。

精密的海洋观测和实验表明，海水的温度和盐度等状态参数的分布和变化，并不像常规调查结果所显示的那样光滑而连续，而是存在着许多时空尺度较小的复杂结构，其

中，特别明显的是垂直方向上，有一系列的、由许多近乎均匀的水层和较薄的强梯度水层相间叠置的阶梯状结构。在这种小尺度的垂直结构中，强梯度薄层内的梯度值一般比垂直平均的梯度值高 1～2 个量级，并且常伴随着显著的流速垂直切变。

  海水状态参数铅直分布的细微结构对声波在海洋中的传播有很大的影响：细微结构的存在，可使声散射增强，引起局地声强的急剧改变，影响海洋温跃层的声道的传输性能，从而使海洋中的声能传播图像比常规海洋学观测所揭示的图像更加复杂。此外，海洋细微结构的观测和研究对于估计通过海洋跃层（特别是大洋主跃层）的铅直热交换速率，以及了解海洋湍流和海洋中的混合扩散过程，都有重要的意义。

  大量的观测表明，海水状态参数垂直分布的细微结构，并非个别海区或个别水层的特殊现象，而是海洋中普遍存在的重要特征。一般认为，导致海水层结的细微结构的原因很多，主要有以下 4 种假说：①侧向热盐输送假说；②内波作用假说；③双扩散对流假说；④海水混合凝缩假说。其中，双扩散理论的解释受到更多人的青睐。实际上在自然条件下，海水状态参数垂直分布的细微结构往往可能是多种过程或效应联合作用的结果，在这个问题上，还需要进一步的观测、实验和理论研究。

第二章 调查仪器与观测平台

海洋调查一般是在选定的海域、测线或测点上布设和使用适当的仪器设备,获取海洋环境要素资料,揭示其时空分布和变化规律。因此,调查对象是海洋调查希望获取的基本要素或特征变量,海洋仪器是观测和测量海洋现象的基本工具,而观测平台则是搭载海洋仪器的载体。

2.1 海洋调查对象

海洋调查对象涉及物理海洋、海洋化学、海洋生物、海洋地质地貌、海洋气象等多个领域,故调查的手段或方式也繁杂多样。

按调查内容或要素来划分,调查对象可分为:①海洋水文观测,观测要素包括温度、盐度、浊度、水色、透明度以及潮汐、海流、波浪等;②海洋气象观测,观测要素包括气温、气压、风速、风向、降雨量、湿度等;③海洋地质调查,主要基于测深,钻孔,或重力、磁力与热流测量等手段,调查海洋沉积、海洋地貌和海底构造;④海洋声学观测,观测内容包括声波的传播、反射、散射、衰减,水与悬浮颗粒物对声的吸收及海洋噪声等;⑤海洋光学观测,观测内容包括光在海水中的传播与衰减、海水的光学传递函数、能见度等;⑥海洋生物调查,调查内容包括浮游生物、游泳生物、底栖生物和寄生生物,以及海洋生态系统等;⑦海洋化学或环境调查,包括常规海洋化学要素调查(如 pH、溶解氧、硝酸盐等)、海洋污染物调查(如石油类、重金属、化学需氧量等)、海水溶解气体(如二氧化碳、甲烷气等)及大气化学调查。

按变化的时间尺度划分,调查对象可分为:①年际尺度的稳定对象,其随时间推移过程变化极其缓慢,对应的时间尺度一般为年,因此,这类对象的调查时间间隔不需频繁,可数年一次,如岸线、海底地形、底质分布等,它们一般与地球物质组成、内部构造、外部成分等有关。注意,这些要素在受人类活动扰动强烈或自然作用强度较大的河口或近岸海域,其变化也是较快的。②季节尺度的慢变对象,其变化的时间尺度一般为季节,空间上可以跨越数千千米,如大洋环流、湾流、黑潮、季风、沿岸流等,其调查时间间隔按季节进行是恰当的。③月–季尺度的缓变对象,可按数天至数月的时间尺度和数十千米至数百千米的空间尺度与之对应,如海洋中尺度涡(ocean mesoscale eddies,图 2–1)、近海区域性水团。④天–月尺度的迅变对象,主要是指海洋小尺度过程,它们的空间尺度在十几千米至几十千米,生存周期则在几天至数十天之间。典型的如入海河口的羽状流，潮汐锋面。⑤秒－时尺度的瞬变对象，主要是指海洋的微细结构，其空间尺度在米的量级，时间尺度在秒、分至小时、数天的范围，如海洋湍流、波浪、潮汐等。

图2-1　典型海洋中尺度涡的三维结构

2.2　观测传感器与观测仪器

2.2.1　海洋传感器

通俗地说，海洋传感器（sensor）是现代海洋测量技术中的这样一类元件：它能够感受诸如压力、温度、盐度、光、声、化学成分等非电学量的海洋环境要素，并且能够把它们按照一定的规律转换为电压、电流等电学量；其工作过程是通过对某一物理量敏感的元件，将感受到的信号由转换元件转变为便于测量、传输、处理和控制的电信号。随着科学技术的进步，海洋传感器不断朝着微型化、多功能化、智能化、无线网络化的方向发展，让海洋测量越来越方便、高效。

可以从不同的角度对传感器进行分类：如根据它们的转换原理、用途、输出信号类型以及制作材料和工艺进行分类。例如，根据工作原理，海洋传感器可分为物理传感器、化学传感器和生物传感器等。按传感器的测量方式，可分为点式传感器（如颠倒温度计、验潮仪、安德拉海流计等），感应空间某一点的测量对象；线式传感器（如CTD、ADCP），获取某一方向（或剖面）海洋特征变量的传感器；面式传感器，主要是指航天航空遥感器，能提供海洋特征要素在一定空间范围内的海面分布信息。

2.2.2 海洋仪器

海洋仪器是观测和测量海洋现象的基本工具，主要用于采样、测量、观察、分析和数据处理。传感器是仪器的重要组成部分，它经过组装，配以防水外壳、防腐材料及信息交换等部件后，便可进行现场测量。20 世纪 50 年代前，海洋观测主要使用机械式仪器，20 世纪 60 年代后，海洋观测仪器逐步实现了电子化。海洋观测仪器的电子化，从单要素测量开始，慢慢演变为多要素的综合仪器。

按照测量要素的性质，海洋观测仪器可以分为物理海洋观测仪器（如测量温度、盐度、水位、波浪、流速、声光等要素的仪器），海洋化学观测仪器（如测量海水 CO_2 和 pH 含量的 $MAPCO_2$），海洋生物观测仪器（如鱼探仪、拖网、取样管等），海洋地质及地球物理观测仪器（如采泥器、测深仪、浅地层剖面仪及重力仪和磁力仪等）。

20 世纪 80 年代以来，海洋观测呈现出多元化、立体化、实时化的发展趋势，因此，传统的单一的调查方法已很少使用，海洋调查的施测方法越来越多样化。一般来说，海洋调查的施测方法大致可以分为定点连续观测、断面观测、大面观测、漂流观测。定点连续观测是指在调查海区的代表性测点，按规定的时间间隔连续进行一个或多个潮周期以上的观测；断面观测是指沿若干具有代表性的测点组成的断面线，进行的由表及底的观测；大面观测是指在以若干测点或测线覆盖的海区，进行的巡回式测量。

2.3 观测平台

观测平台的特征往往决定了观测方式和方法，如浮标、潜标这种系留式平台，主要实现海水表层或水体内部的定点观测；海床基这种固定式平台，实现的是海底定点观测；近年来大量涌现的移动式平台（AUV、ROV、滑翔机等）可实现自动或随动的任意形状扫描式的观测。观测要素自身的性质或特征对观测平台提出了特定的要求，例如，湍流剪切的测量要求微结构剖面仪在规定的速度范围做自由落体运动。而同一要素的观测方法不同，对平台的要求也不相同，例如，波浪测量，采用浮标测量方式，要求浮标的随波性要好，而声学方法测量方式则要求平台的稳定性要高。海洋观测平台不仅需要满足观测要求，还要考虑抵抗恶劣的海洋环境，甚至是人为的破坏。

2.3.1 岸基观测平台

岸基观测平台是指沿岸海域水文气象环境观测依托的固定站位或石油平台，它是海洋环境监测网的重要组成部分，在海洋长期观测数据的收集中发挥重要的作用。

岸基观测平台包括两种类型，一是海洋台站，多为水利部门、交通部门或地质部门组建的河口或近岸基站，以潮位站为主。国家海洋局建设的台站除监测潮汐外，还可同时进行波浪、温盐、气象观测。海洋台站的观测仪器依观测内容而定。二是石油平台，其抗风浪能力强大,安全方便,这类平台的主要观测内容是海流,但石油平台本身具有碍水绕流效应及磁场干扰效应,会改变水流的真实速度和方向,从而给观测结果带来较大的误差,这是这类平台在测流时需要注意的。

2.3.2 船基观测平台

船基观测平台是历史悠久、最具有代表性的一种观测仪器的载体。调查船(survey vessel)或科考船是指用于海洋科学调查、考察、实验、测量或勘探的专门船舶(图2-2),其间设有实验室、仪器投放平台、通信室。船基观测平台是建设环境立体监测网的重要组成部分,是海洋调查和观测仪器的重要承载形式。它可以分为综合调查船、专业调查船(海洋渔业调查船、海洋水声调查船等)和特种调查船(如远洋测量船、极地考察船)。

图2-2 "NOAA R228"号海洋调查船

调查船为完成海洋调查任务,一般需具备以下工作条件:①装备有执行考察任务所需的专用仪器装置、起吊设备、工作甲板、研究实验室和能满足全船人员长期工作和生活需要的设施,要有与任务相适应的续航力和自持力。②船体坚固,有良好的稳定性和抗浪性。较好的海洋调查船还尽量降低干舷,缩小受风面积,增装减摇板和减摇水舱。③具有良好的操纵性和稳定的慢速推进性。④具有准确可靠的导航定位系统。⑤具有充足完备的供电能力。对于水声专业调查船,还需要另设无干扰电源。

海洋调查船是专用来在海上从事海洋调查研究的工具,涉及海洋气象学、水声学、海洋物理学、海洋化学、海洋生物学、海洋地质学、水文测量学等诸多学科。各国海洋战略不同,导致对海洋调查船的发展思路也各有区别,国际发达国家的海洋调查船一般具有如下特征：①船型仍以单体船为主，仅水声监听船采用小水线面双体船。海洋监听船主要用于收集声学信息和声监听，采用小水线面双体船型，有利于创造良好的声学环境。②船上试验室采用模块化设计。随着科考任务需求的不断增加，调查船需要配置更多更为精良的船载探测设备，模块化设计的集装箱型实验室可分别从事不同领域研究，可根据不同研究任务在后甲板搭载相应模块。③新建调查船大部分采用良好的动力定位技术，海洋调查船对高航速没有太大要求，但受海洋风、浪、流等复杂环境的影响，通常需要动力技术辅助精确定位，便于进行数据采集、深潜器布放等作业。④无人作业工具开始普遍使用。调查船使用无人潜航器，布放后可独立在水下完成探测和水下目标识别、采样，或人力无法胜任的水下环境及目标数据采集。无人机则可完成海洋气象、海冰观测等。⑤装备功能齐全的探测设备，实现综合作业功能和多用途。多学科调查设备的装载，可以同时实现对海洋水文气象、海洋生物与渔业资源、海洋地质地貌、海洋地球物理等的综合作业调查。

2.3.3 浮标系统

广义的浮标系统包括浮标、潜标、海床基等。浮标既是观测仪器的载体，又是小型气象站和数据传输平台，它以一种方便经济的形式替代昂贵的船基调查方式。海洋浮标涉及力学理论、系统论、控制论、信息论以及传感与检测技术、通信技术、电子技术等多方面的理论及技术体系，是一个复杂系统，它可以在各种复杂的海洋环境中提供长期、连续、实时、可靠的海洋观测数据。

在海洋调查中，浮标之所以成为一种广受欢迎的观测平台，主要在于它可以实现全天候、连续工作，甚至在海况恶劣的台风、风暴潮等极端天气下，也可以按要求胜任数据收集工作。

2.3.3.1 浮标

海洋资料浮标（ocean data buoy）是一种用于获取海洋气象、水文、水质、生态、动力等参数的漂浮式自动化监测平台（图2-3），它是随着科技发展和海洋环境监测、预报的需要而迅速发展起来的新型海洋环境监测设备，具有长期、连续、全天候自动观测等优点，为海洋预报、防灾减灾、海洋经济、海上军事活动等服务。海洋资料浮标是海洋观测中最重要、最可靠、最稳定的手段之一。

海洋资料浮标按照应用形式可以分为通用型和专用型浮标。通用型浮标是指传感器种类多、测量参数多、功能齐全，能够对海洋水文、气象、生态等参数进行监测的综合性浮标；专用型浮标是指针对某一种或某几种海洋环境参数进行观测的浮标。此外，按照锚定方式可以分为锚泊浮标和漂流浮标；按照结构形式可分为圆盘形、圆柱形、船形、球形、环形浮标等。

（1）浮标系统与关键技术。海洋资料浮标是一个复杂系统，涉及结构设计、数据通信、传感器技术、能源电力技术及自动控制等多个领域，是多个学科的综合与交叉。海洋资料浮标系统可以分为六大部分：浮标标体部分、数据传输与通信部分、数据采集与控制部分、传感器部分、系留系统部分、能源供给部分。一般资料浮标观测设计见图2-4。

图2-3 浮标系统

通过以上部分的交叉和组合可以形成能满足不同观测需求的浮标系统,如水上海洋资料浮标、水下潜标和海床基、海冰浮标等。同时,随着科技的发展和需求的增加,各项技术也在不断地丰富和发展,如新材料在浮标平台结构中的使用、基于北斗卫星的通信系统、基于波浪能的剖面观测浮标等。

海洋资料浮标是一个复杂系统,涉及多个学科、多个关键技术。经过多年的发展,部分关键技术已经成熟。但随着应用需求的增加以及新原理、新材料和新技术的不断涌现,海洋资料浮标关键技术也在不断地发展和变化。与浮标系统结构对应,浮标关键技术总体可以分为六部分:浮标结构设计技术、数据传输与通信技术、数据采集与控制技术、传感器技术、系留技术、能源供给技术。

(2)浮标发展现状。通用型海洋资料浮标主要指当前已经产品化,并且能够满足常规海洋参数观测业务化运行的浮标。国外海洋资料浮标的发展始于20世纪20年代,已取得大量优秀成果。当前,美国、加拿大、挪威等海洋科技强国的通用型海洋资料浮标观测技术已趋成熟,不但可靠性高、精度高、稳定性好,而且形成了功能多样的产品系列,相应海洋环境监测规范和标准也已制定出台,并在各沿海国家实现了长期业务化运行。

海洋资料浮标观测技术应用的优秀代表是美国国家海洋和大气管理局(National Oceanic and Atmospheric Administration,NOAA)的国家资料浮标中心(National Data

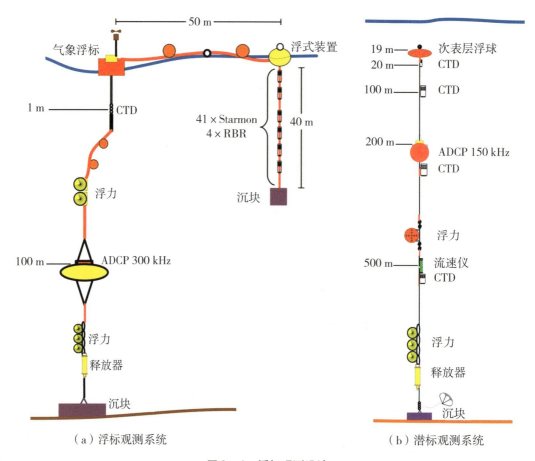

图2-4 浮标观测设计

Buoy Center，NDBC），其管理的海洋资料浮标遍布全球，锚系浮标包含了1.5～12 m直径的多个系列，长年工作于海上并提供了大量珍贵的海洋数据；世界气象组织（WMO）和政府间海洋学委员会（IOC）的数据浮标合作小组（DBCP）也管理着众多的海洋资料浮标，用于全球气象预报等领域。

国外已经将锚系浮标观测技术扩展到深远海，如印度洋、南北极、赤道附近等，并随着海洋环境监测要求的不断增加和提高，建立了大区域、高密度、多参数、多功能的海洋浮标监测网，如美国NDBC用于热带海洋大气观测的浮标网（tropical atmosphere ocean），由大约70个锚系浮标组成。

（3）专用型浮标。专用型浮标是浮标观测技术水平的体现，也是各国在海洋资料浮标领域研究、制造、应用方面综合实力、技术水平和创新水平的标志之一。针对特定的应用需求，国外研制了多种专用浮标系统，代表成果有海洋剖面浮标、海上风剖面浮标、海啸浮标、波浪浮标、光学浮标、海冰浮标、海气通量观测浮标和海洋酸化观测浮标等。

1）海洋剖面观测浮标。海洋剖面观测浮标是指观测海水参数垂直剖面变化的浮标系统。水下剖面观测浮标最早的代表是美国伍兹霍尔研究所（WHOI）设计的具有自动升降功能的剖面观测系统（Mclane Moored Profiler，MMP）和加拿大 Bedford 研究所设计的海马波浪能驱动剖面观测系统（Seahorse）。2013 年，挪威的 SAIVAS 公司利用浮标搭载电动绞车的方式研制了自动剖面观测系统。此外，意大利、韩国等国也纷纷开发了自己的剖面观测浮标，有的甚至已经业务化运行多年。

2）海上风剖面浮标。海上风剖面观测浮标则是近几年出现的新成果，主要用于测量海上低空（小于 1 km）的风场剖面，代表成果是 2009 年加拿大 AXYS 生产的 Wind-Sentinel 和 2013 年挪威 OCEANOR 公司生产的 SEAWATCH Wind LiDAR 浮标，的它们都是通过搭载激光雷达实现底层风剖面观测。

3）海啸浮标。通过实时监测海面波动情况，及时确认是否发生海啸以及发生海啸的大小程度，为海啸预警提供非常重要和珍贵的数据。美国 NOAA 早在 20 世纪 90 年代初就开始了海啸浮标的研制及系统建设，并取得了优秀成果：2001 年建立了第一代 DART 系统，2005 年开始第二代 DART 系统的建设，2007 年开始高效易布放海啸浮标的研制和全球布网。迄今为止，已经在全球范围内布放了超过 60 个海啸浮标。

4）波浪浮标。专门用于波浪参数观测的浮标，绝大部分波浪浮标都采用球形标体，以具备很好的随波性。波浪是海洋环境观测的重要参数之一，也是海洋环境观测的难点之一。当前代表波浪观测最高水平的浮标是荷兰 Datawell 公司的波浪骑士，其他的还有加拿大 AXYS 公司的波浪浮标。

5）光学浮标。以光学技术为基础，可连续观测海面、海水表层、真光层乃至海底的光学特性的浮标。第一台光学浮标于 1994 年诞生在美国，此后，英国、日本和法国等发达国家也研制了自己的光学浮标，代表产品有美国的 MOBY 和法国的 BOUSSOLE。

6）海冰浮标。布放于南北极海冰区域能够观测包括海冰在内的海洋环境参数的浮标，既可以监测海冰自身的热力及动力过程，同时可以搭载相应的海洋及大气参数观测的传感器，用于海洋及大气边界层物理过程观测。当前，有 7 种以上常用海冰浮标适合于南北极海冰地区的观测。

7）海气通量观测浮标。用于观测大气和海洋之间能量和水的相互运动和交换过程，对全球气候变化和预报及大气环流研究等领域具有重要作用和意义，主要观测风速、风向、温度、湿度、压强、长短波辐射、降雨等参数，代表成果是美国伍兹霍尔海洋研究所的海气交互气象系统（Air-Sea Interaction METeorologicol systems，ASIMET）以及迈阿密大学的海气交互杆式浮标系统（Air-Sea Interaction Spar buoy，ASIS）。

8）海洋酸化观测浮标。用于观测表层海水和大气的 CO_2 浓度、海洋酸性变化的浮标。2013 年 8 月，美国 NOAA 在大西洋北极圈附近布放了第一个海洋酸性观测浮标，该浮标安装了由 PMEL 公司生产的 $MAPCO_2$ 系统。2004 年开始，美国 NOAA 在部分已有观测浮标平台基础上，增加 CO_2 和 pH 观测参数，执行海洋酸化观测计划。目前 CO_2 观测浮标大约有 12 个，分布在太平洋、大西洋和印度洋等海域。

9）海洋放射性监测浮标。2005 年，希腊利用浮标搭载 3 个 NaI 晶体能谱仪检测海水中射线能谱，实现了海洋辐射在线原位监测。

总体来说，具有原始创新和高技术水平的各种专用浮标观测技术发展迅速，国外海洋技术强国的海洋资料浮标观测技术处于领先水平，不但技术先进，功能齐全，大部分已经处于长期业务化运行阶段，而且具有观测精度高、长期稳定性好、功能齐全、功耗低等特点。其观测范围已经扩展到深远海，组成了业务化的观测网，并且向着全球高密度布网发展。

2.3.3.2 潜标

海洋潜标（subsurface buoy）系统又称水下浮标系统，是海洋环境观测的重要设备之一。

海洋潜标系统一般由水下部分和水上机组成。水下部分一般由主浮体（标体）、探测仪器、浮子、锚系系统、释放器等组成。通常，为了避免海表面的扰动，主浮体布放在海面下 100 m 左右或更大深度的水层中。锚系系统将整个系统固定在海底某一选定的测点上。在主浮体与锚之间的系留绳索上，根据不同的需要，挂放多层自动观测仪器和浮子，在系留索与锚的连接处安装释放器。一般潜标结构设计见图 2-4b。

海洋潜标系统由工作船布放，观测仪器在水下进行长周期的自动观测并将观测数据储存，达到预定的时间后，仍由工作船到达原设站位，由水上机发出指令，释放器接收指令释放锚块之后，系统上浮回收。用海洋潜标系统能获取水下不同层面上的长期连续的海流、温度、盐度、深度等海洋水文资料，并具有隐蔽、稳定和机动性好等特点，具有其他观测设备不可替代的功效，在海洋环境观测中具有十分重要的作用。

潜标技术是 20 世纪 50 年代初首先在美国发展起来的。随后，苏联、法国、日本、德国和加拿大等国也相继开展研究和应用。50 年来，潜标系统已作为一种重要的海洋调查设备普遍使用。从 20 世纪 60 年代初到 80 年代初，美国平均每年布设 50~70 套潜标系统。在墨西哥湾和西北太平洋的一些观测站，经常保持 20 套左右的潜标系统。美国海军从 20 世纪 70 年代初开始发展军用潜标系统，并且每年布放几十套，是海流剖面资料的最大用户之一。英国从 20 世纪 60 年代到 20 世纪 80 年代中期，共布放了 400 余套潜标系统。日本于 20 世纪 70 年代初开始研制和使用潜标系统，主要用于黑潮研究，在每年两次南太平洋调查中，在两条主要的观测断面上，每次布放十几套测流潜标。另外，在各种重大的国际合作研究项目中，也常常布放大量的潜标系统。到 20 世纪 80 年代，国际上潜标系统已广泛应用于海洋调查、科学研究、军事活动、海洋开发等方面。

20 世纪 80 年代中期，潜标与锚泊浮标相结合形成绷紧式锚泊浮标系统，在近十几年的海洋环境观测应用中得到了很大的发展。如美国、法国、日本和中国台湾合作布放的"热带海洋大气阵列（TAO）"，该阵列由 69 套绷紧式锚泊浮标系统组成，覆盖了赤道的三分之一。海区水深 3500~4500 m，浮标下面悬挂的仪器有两种类型：一类只测量深层水温，从表层到 500 m 深度的电缆上配置了 10 个温度传感器和 2 个压力传感器，测点间隔 20~200 m，数据既储存下来，又通过浮标上的发射机发射出去。另一类以测流为主，如悬挂海流计和 CTD 等。在少数系统上还附加了其他传感器，如雨量计、短波辐射计和生物/化学传感器，供特殊研究用。TAO 阵列于 1984—1994 年全部完成，目前，保持业务运行，今后它将成为全球海洋观测系统的一个重要组成部分。

绷紧式锚泊浮标系统的另一个典型应用是美国的百慕大试验站锚泊系统（BTM），它是一个专供海洋仪器设备进行长期试验的深海锚泊系统。该系统所有水下仪器设备的测量数据都通过感应式调制解调器耦合，利用一根单芯的、公共的锚泊缆绳传送给海面浮标，全部测量数据由卫星（Argos）传送；当巡航的调查船靠近 BTM 时，浮标可通过无线电通信，直接把数据下载给它。这种数据传输方式较 TAO 有明显的进步。

近年来，随着高新技术的发展和出于海洋环境探测的需要，潜标技术向着综合化、智能化方向发展。数据传输借助水面浮标，由单一的储存取读方式，向卫星传输、无线电或光纤通信多种方式发展，增加了数据的可靠性和实时性。

2.3.4 海床基平台

海床基海洋环境自动监测系统，又可称坐底式潜标，它是布放在海底对海洋环境进行定点、长期、连续测量的综合自动监测装置，可隐蔽性地进行长时间自动监测，是获取水下长期综合观测资料的重要技术手段。随着世界范围内对海洋资源的开发利用、海洋灾害的监测与预防、海洋环境保护等工作的重视，许多发达国家正努力在本国沿海及全球大洋建立海洋立体监测系统。海底成为继海面/地面观测、空中遥测遥感之后地球科学的第三个观测平台。相比于第一观测平台（地面/海面）和第二观测平台（空间），第三观测平台（海底）更便于稳定探测海洋环境系统的物理、化学、生物和地质过程，是一条有效的海洋观测途径。

作为海底观测平台的主要形式，海床基已受到海洋科学工作者的重视，海床基的结构设计与其观测功能有关，同时还应考虑观测海域的环境特点、安全保障、加工生产、布放回收成本和安装等因素。海床基主要以独立的坐底式监测平台和海底观测网络节点两种形式存在。

独立坐底式监测平台海床基技术经过近几十年的不断发展，已初步实现了产业化。多个海洋仪器公司和科研机构，如 Oceanscience，MSI，PROTECO SUB 等都设计了各具特色的海床基平台。

在海底观测网方面，早在 20 世纪末美国就开始了海底观测网的建设，例如，生态环境海底观测站 LEO – 15（图 1 – 6），布放在离岸 16 km，水深 15 m 的大陆架上，通过电缆/光缆与岸站连接，对海水温度和海流等数据进行长期监测；美国 NOAA 的 DART 系统利用坐底式监测设备和水面气象浮标进行海啸监测与预警；美国 NeMO 海底观测系统布放在 1600 m 水深的火山热液口附近监测海底火山活动。

一般来说，海床基监测系统是一种坐底式离岸监测装置，在水下集成平台上安装有各种测量仪器和系统工作设备，水下系统用蓄电池供电，各测量仪器在中央控制机的控制下按照预设的时间间隔工作，对海洋环境进行监测。主要监测对象包括海流剖面、水位、温度、盐度等海洋环境要素，监测数据在中央控制机内进行集中存储，并可通过水声通信的方式将最新数据实时传输至水面浮标系统，再由浮标通过卫星通信或无线通信转发至地面站，系统回收时，可在水面船只上发射声学指令遥控水下系统上浮水面。

海床基平台结构设计虽然由于应用形式的不同而有所差异，但是其设计理念基本相同，下面主要从四个方面，即支架保护系统、能源通信系统、安全及环境适应性保障系统和布放与回收海床基系统，探讨海床基平台的结构特点。

（1）支架保护系统。海床基支架保护系统包括海床基平台内部支架、防护外罩和搭载传感器的固定装置，主要涉及海床基的材料、形状、尺寸和重量等，其相关设计主要由海床基实现的功能、搭载传感器的种类和数量、应用海域的水深等方面决定。表 2-1 列举了目前国外应用较成熟海床基平台的主要技术指标。

表 2-1 海床基平台的主要技术指标

名　称	生产公司	主材料	底座形状	尺寸/m	重量/kg	用　途
Tripod Mount	MSI	6061 铝	三角形	直径 1.5×高 0.5	31	浅海
Micro-MTRBM	MSI	玻璃钢与 316 钢	八边形	1.32×0.67×0.36	36	浅海防拖
Sea Spider	Oceanscience	玻璃钢	三腿	1.47×1.47×0.53	87	浅海
Barnacle 53	Oceanscience	玻璃钢	圆形	1.34×1.34×0.46	76	浅海防拖
CAGE en PEHD	Technicap	高密度聚乙烯	四边形	1.76×1.76×0.8	285	浅海防拖
AL200-RA TRBM	Flotec	—	四边形	1.83×1.83×0.54	332	浅海防拖
Barny Sentinel	Proteco sub	玻璃钢	圆形	直径 2×高 0.5	640	浅海防拖
GEOSTART	INGV	—	四边形	3.5×3.5×3.3	25400	深海
Sea Floor Docking Station	Uniof Ab-erdeen	玻璃钢与强化塑料	三腿	7.96×6.98×3.93	—	深海

目前海床基多搭载物理海洋观测传感器，主要是因为由于物理海洋传感器技术相对成熟，观测数据较稳定。由于搭载传感器、采集器种类和数量的不同，平台的尺寸、形状和重量也不尽相同。通常搭载少量传感器的海床基多用于浅海，结构设计简单，尺寸较小，重量较轻，如 MSI 公司仅搭载 ADCP 的 micro-MTRBM，空气中重量仅为 3.6 kg，长、宽、高分别仅为 1.32 m、0.67 m、0.32 m，小巧轻便，方便单人小船独立布放和回收。而搭载十几种甚至上百种传感器的海床基，结构设计复杂、尺寸较大、重量较重，如"海王星"海底观测网络节点海床基，搭载 100 多个仪器和传感器，底座长约 5 m，重约 13 t，需专业的调查船布放回收。

此外，海床基搭载不同传感器或采集器，需根据不同设备的使用要求进行结构设计，如搭载声学多普勒流速剖面仪（ADCP），海床基平台应设计常平装置，以免海床基因布放在斜坡或水下长期监测局部倾斜，而导致姿态超出正常工作范围。

基于海床基平台布放的水深，可将海床基划分为两种，即浅海型（水深小于 200 m）和深海型（水深大于 200 m），其中浅海型又可划分为一般型和防拖网型。浅海一般型海床基设计简单，不具备防拖网能力，适用于渔业活动较少的海域。由于没有防护外罩，降低了重量便于布放和回收，如 Sea Spider 海床基由玻璃钢材料制成，一体结构设计可保证其强度和负荷，可利用浮球进行非潜水回收，三个支腿设计有压载物可布放在不平的海底。

防拖网型海床基是浅海海床基发展的主要方向，其针对浅海渔业拖网、流网等网具设计，防止网具将海床基移动，避免对仪器设备安全和数据质量产生较大影响。此类海床基平台设计有防拖网罩，其多为棱台设计和曲面设计，如美国伍兹霍尔海洋研究所、

Flotec 公司、MSI 公司等生产的防拖网海床基以多边形结构为主。基于曲面设计理念的防拖网罩具有低轮廓、对局部流场影响小的特点，代表性的海床基有意大利 Proteco Sub 生产的 Barny Sentinel，NAVOCEANO 生产的 LTRBM 和美国 OceanScience 生产的 Barnacle。有些防拖网海床基还进行了异型浮体的设计，可进一步增加海床基表面的流线性，加强防拖网能力。防拖网海床基除了进行流线型防拖网罩的设计外，通常还需要适当地增加平台重量，以保证其抗拖拉能力。

深海型海床基，搭载传感器较多，材料坚固，可抗高压。由于布放深度较大，通常不需要防拖网功能，如 INGV 设计的 GEOSTAR 海床基，最大布放深度达 4000 m。平台尺寸长 3.5 m、宽 3.5 m、高 3.3 m，空气中重 2.5 t，水中重 1.4 t，可承受 30 kN 的深海压力。

（2）能源通信系统。海床基能源通信系统设计上可分为三类，即无缆、有缆接岸和有缆接浮体。对于无缆型海床基，平台无外接电缆，只依靠自身仪器电源供电，观测要素较少，观测数据自容存储，优点是平台结构设计与布放回收都相对简单，观测成本低；缺点是受自带电池容量限制，难以长期连续监测，观测数据无法实时获取。

有缆接岸型海床基，海床基通过电缆连接岸基供电设备，可对多个海洋环境要素长期观测，但是需要专业的施工船进行海底电缆铺设，施工过程复杂，观测成本高。通常采用海底接驳盒，其相当于海底观测平台的一部分，它是观测仪器设备与主缆之间的一个连接纽带，是岸基站与各观测仪器之间的能量和通信输送的一个中继点。它将主缆传来的电能进行转化，分配给不同的观测仪器，同时将岸基站的控制信号发送给相关观测仪器，并将各观测仪器采集的数据通过主缆传输到岸基站。优点是可实时连续观测，观测数据保密性高；缺点是观测系统布设环境条件要求高。

有缆接浮体型海床基，海床基通过短距离电缆连接到海面的浮体，利用浮体上的太阳能或风能供电。平台如搭载声通机，可通过水下声通机水声传输海床基观测数据到浮标，再通过水面上的无线电通信实时传输数据到监控终端。若采用声通信方式，通常压缩声传输数据量以保障数据传输的可靠性，提取特征数据，跟踪海床基的工作状态，如水下系统的姿态数据（方向角、倾斜角和摇摆角），用于判断水下系统是否平稳坐底。平台如没有搭载声通机，可利用短距离数据通信缆将海床基观测数据直接传输到浮体，再通过水面上的无线电通信实时传输数据到监控终端。这两种方式的优点是可进行长期连续观测，缺点是海面上的浮体有可能被人为破坏或自然损坏，从而影响观测的正常进行。此外，若观测系统采用水下无缆方式传输数据，对环境条件要求高，数据保密性差。

（3）安全及环境适应性保障系统。海床基的安全及环境适应性保障系统设计上通常包括三方面，即防材料腐蚀、防生物附着和防泥沙淤积。

对于防材料腐蚀，主要从正确设计金属构件、合理选材等角度考虑，通常有以下几种方式：①采用厚浆型重防式涂料；②对重点部件采用耐腐蚀材料包套；③设计构件时要考虑到足够的腐蚀余量；④根据电化学腐蚀原理，采用牺牲阳极的方式进行防腐保护。

对于防生物附着，主要采用防污涂料来有效阻止海洋生物的附着。布放在海底的海床基平台不可避免地受海洋附着生物影响，附着生物不仅破坏海床基内部金属构件的漆膜，加速金属构件的腐蚀，而且可能干扰声学仪器声波的传输；另外，还可能堵塞监测传感器，影响仪器测量精度。

对于防泥沙淤积，主要从设计结构上进行优化考虑，通常采用打桩或支腿、底部侧面开孔、提高释放装置三种方式。如 WHOI 研究所设计的 MVCO 海床基平台采用底部打桩的方式，整个海床基仪器舱安装在基座上，基座支撑仪器舱部分，仪器舱距离海底大约 0.5 m，海底泥沙易在海流作用下流过基座，不易在仪器舱内部形成泥沙淤积。

（4）布放与回收海床基系统。通常有两种方式：一种是吊装方式布放，又可分为倾斜吊装下放或水平吊装下放。意大利 Proteco 公司抗拖网海床基采用的是倾斜吊装方式布放。另外一种方式是重力布放，将海床基平台吊在水面上时打开释放装置，海床基依靠自重下沉到海底，如 Flotec 公司的 AL200-RA TRBM 即是通过自重下沉的方式进行布放。

由于海洋环境和作业条件较复杂，海床基平台在应用过程中有可能出现倾斜，甚至翻扣等情况，针对海床基平台观测实施过程中可能出现的极端情况，海床基回收设计通常有三种方式：通过释放装置正常回收、丢弃压舱物紧急回收、利用 ROV 或潜水员辅助回收。第一种方式是海床基平台回收的基本方式。海床基平台的释放系统是海床基结构设计的重点之一，释放系统设计通常又可分为三种，即无释放器式、释放器分体式和释放器一体式。

无释放器式，是海床基回收设计的一种简易方式，平台并不搭载释放器。对于浅海型海床基，可通过明标的方式回收平台或通过潜水员、ROV 回收平台。其中明标方式的优点是成本低，安装布放、回收操作简单；缺点是安全性差。而潜水员、ROV 回收方式易受海况、海水透明度和水深的影响，回收难度大。

释放器分体式，海床基平台配有释放器，浮体和仪器舱分体设计，浮体的功能只是作为上浮物和搜寻目标物。回收平台时打开释放装置，浮体浮出水面，即可分步回收整个平台。优点是浮体浮出水面的成功率高，缺点是需要分步回收整个平台，回收过程相对复杂。大部分分体式海床基不能在倾覆情况下进行回收，而 MSI 公司设计的 MTRBM，其浮球筒为上下敞开式，即便平台出现了倾覆，浮球也可以上浮。

释放器一体式，海床基平台配有释放器，浮体和仪器舱一体设计，浮体的功能不仅是作为上浮物、搜寻目标物，也是搭载观测传感器的仪器舱。优点是平台海上回收操作简单；缺点是浮体设计上增加了仪器搭载功能，降低了浮体浮出保证率。Flotec 公司的 AL200-RA TRBM 为典型的一体式海床基。

意大利 SIELCO 公司设计的 TRBMs 既是一体式，也是分体式，其设计较为先进。平台顶部设计一个声学释放器控制浮体用于平台正常回收，属于分体式设计。如果这种方式没有回收成功，第二种方式紧急回收将被启动，断开搭载仪器的浮体与压舱物的连接，在浮力的作用下，搭载有仪器的浮体浮出水面，压舱物将被丢弃，这属于一体式设计。这种回收方式在海床基完全翻扣的情况下依然有效。第三种方式辅助回收通过 ROV 或潜水员实现，在海床基压舱物上设计有一些小孔，ROV 或潜水员可在这些小孔中安装一个固定绳索，从而通过绳索回收整个平台。

若发生意外,声学释放器不能正常工作而使得水下系统无法收到水面释放指令,可依靠定时释放器在设定的最后时刻控制释放机构脱开,使系统上浮并回收,通过采用两种控制手段对释放执行机构进行并联控制,有效地提高了系统回收的可靠性。

2.3.5 运动式观测平台

2.3.5.1 漂流浮标

漂流浮标是在海面或一定深度随海流漂动的浮标,用卫星或声学方法获得其位置信息,根据拉格朗日法由浮标流动轨迹计算得到海流信息。它是随着全球定位和卫星通信技术的进步而发展起来的一种有效的大尺度海洋环境监测手段。

Argo 浮标就是一种寿命较长(4~5 年)的漂流浮标,最大测量深度可达 2000 m 甚至更深,会隔 10~14 天自动发送一组剖面实时观测数据,通过 Argos 卫星,并经地面接收站将测量到的数据源源不断地发送给浮标投放者,其工作流程见图 2-5。

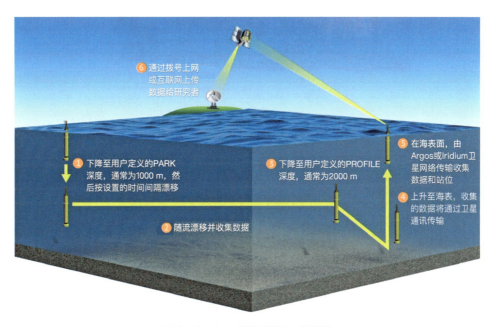

图 2-5 Argo 漂流浮标工作流程

2.3.5.2 水下机器人

水下机器人是人类认识、开发海洋的必要工具之一,其发展经历了 4 个时期:20 世纪 60 年代,载人潜水器(HOV)的出现是第 1 阶段的标志;在第 2 阶段,20 世纪 70 年代实现了遥控水下机器人(ROV)的迅速发展;第 3 阶段大约为 20 世纪 80 年代,以自主水下机器人(AUV)的发展和水面机器人(USV)的出现为特征;目前是混合型水下机器人的时代。

水下机器人按特点可以分为两大类:遥控水下机器人(remotely operated vehicle,ROV)和自主水下机器人(autonomous underwater vehicle,AUV)。ROV 分为移动式、拖拽式和游浮式;AUV 分为传统型机器人和仿生水下机器人。ROV 依靠电缆提供的动力来进行水下作业；AUV 则依靠自身携带的能源来实现水下的三维空间运动。在经历了近 60 年的发展后，ROV 已经发展成为一种成熟的水下特种作业机械（图 2-6）。

图 2-6 遥控水下机器人

早在 20 世纪 50 年代，几个美国人想把人类的视觉延伸到神秘的海底世界，他们把摄像机密封起来下沉至海底，这就是 ROV 的雏形，自此拉开了水下机器人的研发大幕。1960 年，美国成功研制了世界上第 1 台 ROV-CURV1。在载人潜水器的配合下，CURV1 在西班牙外海海底找到了一颗失落的氢弹，这引起了世界各国对水下机器人的重视。随后，美国、瑞典和日本等国家相继研究和开发出了不同型号的 ROV，已应用于不同的作业任务和不同的下潜深度。

日本拥有世界上最多的机器人，在 ROV 的研发和应用方面也不甘人后。日本海洋技术研究所开发研制的 KAIKO 号是目前世界上下潜深度最大的潜水器。1995 年，KAIKO 号下潜到马里亚纳海沟的最深处 10911.4 m，创造了下潜最深纪录。虽然 KAIKO 号最后丢失，但是在科研领域中散发出的光芒仍然无法掩盖。

ROV 发展至今天，不仅在科研领域有着良好的表现，在商业应用中也起到了重要的作用。世界各国的多家公司研制的 ROV 已经在商业工程领域中成功作业运行。

2.3.5.3 自航式观测平台

海洋运动形式丰富而复杂，除了势能占优的大尺度环流外，还存在动能丰富的海洋边界强流、海洋上升流、中尺度涡旋、海洋锋面等，特别是在初级生产力较高的陆架海域，这些高动能的水体流动产生很强的时间－空间变率。这就要求观测需要采用具有长时序（约为 6 个月）、精细尺度（约为 1 km）、准实时（每隔 1 小时一次卫星通信）、机动（运动轨迹可控，指令与信息双向互传）观测功能的海洋动力环境观测装备，自航式观测平台就应运而生了。

水下自航式海洋观测平台是 20 世纪 80 年代末至 90 年代初在载人潜器和无人有缆

遥控器（ROV）的技术基础上迅速发展起来的一种新型海洋观测平台，主要用于无人、大范围、长时间水下环境监测，尤其是在现场接近观测方面具有先天优势。自航式观测平台以水下滑翔机为典型代表。

相对于传统的观测方式，近年来，水下滑翔机凭借其工作时间长、航行距离远、自有噪声低、路径可规划、水下可估算定位、垂直往复剖面时水平运动可控、可搭载多种类型传感器实时获取数据并准实时远程回传以及购置使用成本低廉、运输布放回收操作简便等优点而获得广泛认同和采用。

以美国为代表的欧美发达国家大力发展基于水下滑翔机的海洋环境观测技术，如法国 ACSA 公司的 SeaExplorer（图 2-7a）、美国 Teledyne Webb Research 公司的 Slocum（图 2-7b）、Scripps 海洋研究所的 Spray、挪威 Kongsberg Maritime 的 Seaglider 以及天津大学的 Petrel 系列等。

（a）SeaExplorer　　　　　　　　　　（b）Slocum

图 2-7　水下滑翔机

以 Webb Research 公司开发的 Slocum 水下滑翔机为例，其采用电池电能或跃层温差的能量为其外力驱动。流体在内外皮囊间流动实现纵倾控制，调节内部质量块的位置实现纵倾微调，在水平姿态时操作尾舵控制转向，浮于水面时可进行通信。

在近岸海洋水域，因普遍水深较浅，需要使用浅海型水下滑翔机，其具有锯齿剖面密度大、折返机动性高和平均前向速度快的特点，也适合在陆架坡折和深海温跃层等区域对高时空变率的海洋现象进行观测。

自航式观测平台执行海洋调查任务，是通过配置海洋测量设备对海底地形、地貌、地质进行勘察和测绘，对水文气象和海洋水声进行监测等。海底地形地貌测量设备包括多波束测深声呐、浅层剖面仪和侧扫声呐等；海洋水文气象测量设备包括声学多普勒流速剖面仪和温盐深测量仪等；海洋水声测量设备包括水声测量仪表和水声测量换能器等。英国的 AUTOSUB 和挪威的 HUGIN 系列采用了 EM2000 多波束测深声呐，美国的"海马"采用了 EM3000D 多波束测深声呐、Sea-Bird SBE-37 温盐深传感器、DVL-300 型海流剖面仪。

2.3.6 航空观测平台

航空遥感又称机载遥感，是指利用各种飞机、飞艇、气球等作为传感器运载工具在空中进行的遥感技术，是由航空摄影侦察发展而来的一种多功能综合性探测技术。按飞行高度，分为低空（600～3000 m）、中空（3000～10000 m）、高空（10000 m 以上）三级，此外还有超高空（如 U-2 侦察机）和超低空的航空遥感。

航空遥感具有技术成熟、成像比例尺大、地面分辨率高、适于大面积地形测绘和小面积详查以及不需要复杂的地面处理设备等优点。缺点是飞行高度、续航能力、姿态控制、全天候作业能力以及大范围的动态监测能力较差。

飞机是航空遥感主要的遥感平台，飞行高度一般为几百米至几十千米，可根据需要调整飞行时间和区域，特别适合于局部地区的资源探测和环境监测。遥感方式除传统的航空摄影外，还有多波段摄影、彩色红外和红外摄影、多波段扫描和红外扫描、侧视雷达等成像遥感；也可进行激光测高、微波探测、地物波谱测试等非成像遥感。航空遥感是非常先进、完善的遥感技术。

近年来，无人驾驶飞机（unmanned aerial vehicle，UAV）简称"无人机"，也叫空中机器人，被广泛用于海洋观测中。美国斯克里普斯海洋研究所于 2007 年在海洋科考任务中首次使用了船载无人机海洋观测系统（GeoRanger），对海上的地磁场变化进行监测。无人机因其机动灵活的起降方式、低空循迹的自主飞行方式、快速响应的多数据获取能力，在海洋调查上具有巨大的应用前景，其搭载的高分辨率光电设备可快速获取图像；亦可搭载视频采集设备，实现图像的实时采集与回传，具有分辨率高、实效性好、应急性强等优势，而这些正是现代海洋调查工作的发展趋势。因此，无人机海洋观测系统通过搭载多种海洋环境探测任务荷载，可有效地实现海洋动力环境监测、海洋测绘、海洋大气监测、海洋通信中继、海上自然灾害监测、海上移动目标监测等。

2.3.7 航天观测平台

航天遥感，又称太空遥感（space remote sensing），泛指在地球大气层以外的宇宙空间，以人造卫星、宇宙飞船、航天飞机、火箭等航天飞行器为平台的遥感。航天遥感感测面积大、范围广、速度快、效果好，可定期或连续监视一个地区，不受国界和地理条件限制，能取得其他手段难以获取的信息，对于军事、经济、科学等均有重要作用。

航天遥感能提供地物或地球环境的各种丰富资料，在国民经济和军事的许多方面获得广泛的应用，如气象观测、资源考察、地图测绘和军事侦察等。根据不同的任务，可选用不同波段的遥感仪器来获取多种地物信息，而不同波段对物体具有不同的穿透性，可获取地物由表及里的多重信息。例如，水色传感器（又称可见光传感器，其波段范围为 0.4～0.75 μm）可用于探测叶绿素浓度、悬移质浓度、海洋初级生产力和其他海洋光学参数；红外（8～14 μm）传感器主要用于测量海表温度；微波（10 cm 量级）传感器可穿透云层，不受极端天气影响，全天候地获取海面高度、海面风场、有效波高、地转流、重力异常、SST、水汽含量、降水、二氧化碳海气交换等动力参数及气象水文参数。由此可见，航天遥感的出现极大地丰富了海洋观测项目、扩展了传统海洋观测手段难以涉及的领域。

航天遥感是一门综合性的科学技术，它包括研究各种地物的电磁波波谱特性，研制各种遥感器，研究遥感信息记录、传输、接收、处理方法以及分析、解译和应用技术。航天遥感的核心内容是遥感信息的获取、存储、传输和处理技术。

航天遥感应用较广泛的形式是卫星遥感，其以遥感范围广、同步性强、资料采集快速著称。卫星遥感的覆盖面积可达 34000 km^2，每 18 天可以扫描全球一遍。其工作方式为：扫描一小块水域，把信息数字化，并发回地面，然后再数字化下一块邻接水域的信息。一次扫描的地面面积，即仪器的足印，称为像元，而扫描线就由一系列相邻的像元构成。

另外，航天遥感在获取信息时，受限条件少。地球上自然条件恶劣，人类难以到达的地方，如沙漠、沼泽、高山峻岭等，采用不受下垫面条件限制的遥感技术，特别是航天遥感，可方便及时地获取各种宝贵资料。

展望未来，在海洋中建立一个互动式的、广布的、综合性的传感器网，实现实时的多学科观测是一种发展趋势。这种观测网由多个海洋观测节点构成，每个观测节点由浮标、潜标、海床基系统、定点剖面系统等构成。节点之间的观测，由水下滑翔机、AUV等移动式平台补充。节点与移动平台之间采用声学遥测方法拓展观测覆盖面，增加采样密度。各观测节点或移动平台之间采用多种通信方式，进行数据传输、位置定位和路线导航，如此，将来人们坐在办公室里就能实时、全面地了解海洋环境。

第三章 海水温度观测

海水温度是表示海水热力状况的一个物理量，海洋科学上一般以摄氏度（℃）表示。海水温度的高低取决于海水对太阳辐射（短波）的吸收、海面长波有效辐射（海表长波吸收减去海表长波辐射）、蒸发缺失热量、海气接触面之间通过湍流进行的热交换和海水内部的流动（海流）等多种因素形成的热收支（即海洋热平衡）。

海流运动对水温的分布影响显著，暖流所及之处，海温升高；寒流所及之处，则海温降低。海洋中水温变化的幅度为 2～33 ℃，在被陆地包围的海中，海水的表面温度可能比上述最高值更高，但在大洋以及大部分浅海中，则很少超过 33 ℃。在海洋深层，温度一般都很低，大体在 1～4 ℃ 之间。

研究海水的温度在科研、生产上有着重要的意义。从海洋本身来说，几乎所有的海洋现象都与水温有关。例如，水温是研究水团性质、分布及其运动的基本指标之一，是决定声音在海水中传播规律的重要因素，对正确掌握中心渔场的位置起着决定性的作用。在军事上，潜艇的活动、鱼雷的发射，受水温的影响也是很大的，强大的温度跃层常给潜艇的下沉和航行带来困难，又会直接影响鱼雷的使用效果。在气象、气候上，由于海水具有与陆地不同的热性质，它在大气温度的变化中起着缓冲作用，从而在气候上形成了大陆性气候和海洋性气候。

3.1 温度观测要求

3.1.1 精度要求

海洋内部不同垂向层位或者不同的水平位置对海水测量的精度要求都不一样。一般来说，远离陆地影响的大洋，其温度梯度在无论在水平空间还是垂向空间上，相对近岸都要小，对于这种变化缓慢的温度分布，观测精度要求相对较高，一般温度观测应准确到 ±0.02 ℃，有时研究温度变化很小的深层水温，精度要求达到 ±0.01 ℃。但对于遥感或 BT、XBT 等方式测量上层海水温度跃层时，可适当放宽精度要求。

在浅海，因海洋水文要素时空变化剧烈，梯度或变化率比大洋要大 2～3 个数量级，水温的观测精度可以降低，准确度为 ±0.1 ℃。绝大部分海表有一层很薄的边界层（其量级约为 1 mm），在开阔的洋面上，海表薄层水温（肤面温度，skin temperature）一般比下层水温低十分之几开尔文（K）度。在白天，日照很强风力较弱时，肤面温度比下层水温要高些，而夜晚海表边界层由于热量损失，肤面温度会相对低一些。一般来说，$\Delta T = T_s - T_w$ 的典型值在 ± 0.2 ℃～± 0.5 ℃，$\Delta T = T_a - T_w$ 的典型值在 ± 1 ℃～± 2 ℃。其中，T_a 为贴水层气温，T_s 为肤面水温，T_w 为肤面层以下水温。

3.1.2 层次与时次要求

沿岸台站只观测表面水温，观测时间一般在每天 2：00，8：00，14：00，20：00 进行。海上观测分表层和表层以下各层的水温观测，观测时间要求为：大面或断面站，船到站就观测一次。连续站每小时或每两小时观测一次，如果可能，最好连续记录，间隔越短越好。

传统的液体温度计在垂向上需按所谓的标准观测层次进行观测。现在随着自容式温盐深自记仪器的普及，垂向层位上可实现高采样率地连续观测。

3.2 测 温 仪 器

测定表层水温一般用海水表面温度表、电测表面温度计及其他的测温仪器，在卫星上通常用红外线表面温度计测量海表水温，在海洋浮标上一般装有自记的仪器。深层水温的测定，主要用常规仪器（如颠倒温度表、深度温度计）及自容式温盐深自记仪器（如 STD、CTD）等。

3.2.1 颠倒温度计

在"挑战者"号环球航行（1872—1876 年）的后期，颠倒温度计就开始使用了，迄今仍在应用。这种温度计的功能可以同时对预定水层进行温度和压力测定。

颠倒温度计是水温测量的主要仪器之一，它把装在颠倒采水器上的颠倒温度计沉放到预定的各水层中，一次观测可同时取得各水层的温度值。颠倒温度计在观测深水层水温时，温度计需要颠倒过来，此时表示现场水温的水银柱与原来的水银柱分离。若用一般温度计观测深层水温，当温度计回收时，环境温度会改变温度计的记录，结果观测到的水温不是原定水层的水温，这就是颠倒水银温度计能观测深层温度的主要原因。

3.2.1.1 颠倒温度计的结构和原理

颠倒温度计有闭端（防压）和开端（受压）两种，均需配在颠倒采水器上使用。前者用于测量水温，后者与前者配合使用，确定仪器的投放深度。

闭端颠倒温度计（图 3-1）包括主要温度计（主温）和辅助温度计（辅温），均装在一个厚壁玻璃套（图 3-1b1）内。主温用于测量水温，辅温用于测量玻璃套管内的温度以进行还原订正。主温与辅温互相倒置，用金属箍（图 3-1b11）固定在一起，并用软木塞（图 3-1b15）及镶在金属箍上的弹簧片（图 3-1b12）固定在厚壁玻璃套管内。

主温由贮蓄泡和与其相连的毛细管构成，在贮蓄泡与外套管之间的空隙里，为了消除空气的绝热作用而装有水银，并用软木塞（图 3-1b15）堵住使它不往外涌，但水银不能完全装满，以免温度计沉入水中后贮蓄泡受到压力而破裂。

在离贮蓄泡不远的毛细管上有一狭窄处，并从此处向贮蓄泡方面伸出一盲枝。当温度计被颠倒时，水银将永远断裂在盲枝的分枝处，这是决定温度计示数准确性的主要原因。在盲枝上面不远处，有一个弯了一圈的圆环，整个圆环部分的毛细管部很膨大，它是用来容纳在温度计颠倒后由于温度升高而从贮蓄泡膨胀出来的水银。

毛细管的顶端有一个接受泡，圆环与接受泡之间是刻有度数的直线形毛细管。为了避免读数的视差，毛细管的正面制成平面。

因为读数工作是在温度计颠倒后进行的，故刻度是从毛细管顶端（靠近接受泡处）开始的。从毛细管的接受泡到 0 ℃刻度处的整个管内水银容积称为 V_0，其值以温度度数表示。每支温度计都有其特定的 V_0 值，可在检定书上查到。

开端颠倒温度计（图 3-1c）与闭端颠倒温度计（图 3-1b）在构造上基本相同，其不同之点仅在于开端颠倒温度计的外套管下端是开口的，上端有一个供水流动的小孔。由于这种温度计是受压的，所以，毛细管里的水银长度不仅受到温度的影响，而且也受到水压变化的影响。因此，将闭端和开端的颠倒温度计同时放在同一深度处，就可以根据两支温度计读数（经器差订正和还原校正后的读数）之差算出仪器的沉放实际深度。

 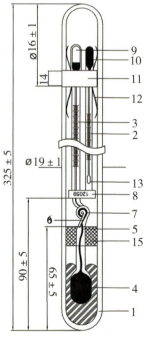 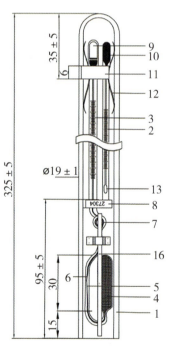

（a）颠倒采水器　　（b）闭端颠倒温度计　　（c）开端颠倒温度计

图 3-1　颠倒采水器及颠倒温度计结构

1-外套表；2-副温度表；3-主温度表；4-主温度表贮蓄泡；5-盲枝；6-断点；7-圆环；
8-出厂编号及卡箍；9-主温度表接受泡；10-副温度表贮蓄泡；11-卡箍；12-弹簧片；
13-副温度表安全泡；14-水银槽；15-软木塞；16-开端颠倒温度计椭圆弹簧键

3.2.1.2 颠倒温度计的观测和使用方法

标准层水温通常用颠倒温度表和颠倒采水器配合进行观测。颠倒温度表分为闭端颠倒温度表和开端颠倒温度表。闭端颠倒温度表用以测量海水温度；开端颠倒温度表与闭端颠倒温度表配合使用，测量颠倒处的深度。

（1）观测前的准备工作。

1）挑选 V_0 和器差相近的两支颠倒温度计，装在同一采水器的套筒中。当水深超过 100 m 时，应更换采水器的温度计套筒，增加一支开端温度计。在挑选时还应检查温度计的性能，其基本要求是：颠倒时，水银断裂灵活，断点位置固定；复正时，接受泡的水银全部回流，主辅温度计固定牢靠。

2）打开采水器的温度计架压板，将颠倒温度计轻轻放入套筒，套筒上下两端须用海绵或棉纱垫好，不要让它们在套筒内旋转。安装时主温度计的贮蓄泡应在下端，同时温度计的刻度应恰好对着套筒的宽缝，使之能清晰地看到温度计的全部刻度，盖上表架压板，上好压板上的调整螺钉，然后将温度计架固定好。

3）按采水器编号顺序，自左向右将采水器安置在采水器架上（水龙头在上）。

4）检查采水器的活门密封是否良好，活门弹簧松紧是否适宜，水龙头是否漏水，气门是否漏气，固定夹和释放器有无故障。检查钢丝绳是否符合规格（直径约为 4 mm）和有无折断的钢丝、扭折痕迹或细刺，不符合规格和有断裂危险的应予更换；检查绞车转动是否灵活，刹车和排绳器性能是否良好，经检查合格后，方可使用。

（2）水温观测的方法与步骤。

1）将装温度计的采水器从表层至深层集中安放在采水器架上，根据测站水深确定观测层次，并将各层的采水器编号、颠倒温计的器号和数值记入颠倒温度计测温记录中。

2）观测时，将绳端系有重锤的钢丝绳移至舷外，将底层采水器挂在重锤以上 1 m 的钢丝绳上，然后根据各观测水层之间的间距下放钢丝，并将采水器依次挂在钢丝绳上。若存在温跃层时，在跃层内应适当增加测层。

3）当水深在 100 m 以浅时，在悬挂表层采水器之前，应先测量钢丝绳倾角；倾角大于 10°时，应求得倾角订正值。若订正值大于 5 m，应每隔 5 m 加挂一个采水器。当底层采水器离预定的底层在 5 m 以内时，再挂表层采水器，最后将其下放到表层水中。

4）颠倒温度计在各预定水层感温 7 min，测量钢丝倾角，投下"使锤"（连续观测时正点打锤），记下钢丝绳倾角和打锤时间。待各采水器全部颠倒后，依次提取采水器，并将其放回采水器架原来的位置上，立即读取各层温度计的主、辅值，记入颠倒温度计测温记录表内。

5）如需取水样，待取完水样后，第二次读取温度计的主、辅温值，并记入观测记录表的第二次读数栏内，第二次读数应换人复核。若同一支温度计的主温读数相差超过 0.02 ℃，应重新复核，以确认读数无误。

6）若某预定水层的采水器未颠倒或某层水温读数可疑，应立即补测。若某水层的测量值经计算整理后，两支温度计之间的水温差值多次超过 0.06 ℃，应考虑更换其中可疑的温度计。

7）如因某种原因，不能一次完成全部标准层的水温观测时，可分两次进行，但两次观测的间隔时间应尽量缩短。

（3）颠倒温度计使用注意事项。

1）颠倒温度计必须经常垂直地保持正置状态，否则，断裂的水银柱与整个水银体长期相隔会在断裂处形成氧化膜，从而发生不正常断裂，影响颠倒温度计的正确性。

2）颠倒温度计要保存在温度高于0℃的室内，但室内的最高温度不要超过温度计刻度的最大值。

3）颠倒温度计必须保存在特制的箱内，使其在搬运时能保持正置状态，并避免受剧烈振动。

4）颠倒温度计的测量记录需要进行器差订正与还原订正。

3.2.2　CTD 温度计

现场测量和记录海水的盐度（或电导率）、温度随深度变化的装置，常用的仪器有温盐深自记仪（conductivity temperature depth，CTD 或 salincty temperature depth，STD）、电子温深仪（EBT）和投弃式温深仪（XBT）等。利用温深系统测水温时，每天至少应选择一个比较均匀的水层与颠倒温度计的测量结果对比一次。如发现温深系统的测量结果达不到所要求的准确度，应调整仪器零点或更换仪器传感器，对比结果应记入观测值班日志。

温盐深测量仪一般由水下传感器、水上数据处理装置和吊放设备组成，指标较高的温盐深测量仪的观测范围和精确度分别如下：盐度范围为 25～35 psu，精度 ±0.02～0.05；温度范围为 -2～35 ℃，精度 ±0.02～0.01 ℃；深度范围为 0～3000 m 或 0～6000 m，精度 ±0.25%。若在水下传感器上安装流速、流向、声速、pH、溶解氧等现场传感器和多瓶采水器，则成为现场的多要素综合测量系统。

目前，CTD 剖面仪的温度传感器，广泛采用的是热敏电阻或者铂电阻。热敏电阻的阻值较大，灵敏度高，温度的传输函数为指数线性。它易于制作，一般为珠状或片状，稳定度达到 0.001 ℃/a，响应时间为 60 ms。铂电阻最大特点是温度的传输函数是线性的，铂的性能稳定。缺点是同样尺寸的铂电阻阻值比热敏电阻小。精度和稳定性两者相差无几。目前，CTD 剖面仪的温度传感器几乎都采用了热敏电阻。

CTD 压力传感器多半是应变式与硅阻传感器。近年来，硅阻式压力传感器有取代应变式之势。0.01% 高精度压力传感器则采用带有温度补偿的石英压力传感器。

以目前国内外广泛使用的 CTD 剖面仪 Seabird 25 型为例，它由水下部分和船上接受部分组成，两部分之间用绞车电缆连接。水下部分也称传感器，其简单框图见图 3-2a。它用来感应需测量的物理量并将它们转换成移频信号，通过铠装电缆传送到船上的接受部分。水下部分主要包括压强、温度和电导率传感器，泵，电池与存储器，控制器及移频调节器等电子元件器件和线路（如图 3-2b 所示）。它们装在一个不锈钢耐压圆柱状壳体中。根据需要，可以安装测量传感器离底的垂直距离的高度传感器、光学浊度传感器、光学荧光计、光学 PAR 传感器、溶解氧传感器等，还可以在壳体外面安装玫瑰采水器框架和采水器及颠倒温度计。

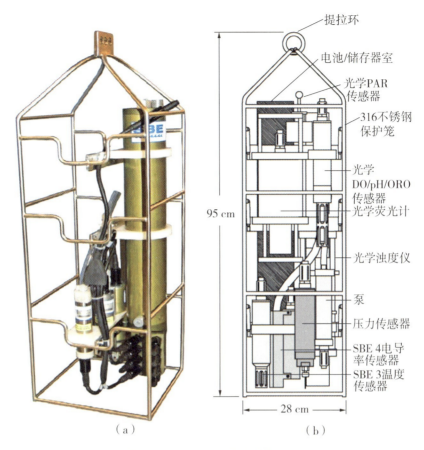

图 3-2 Seabird 25 型温盐深仪

船上部分也称船上终端,用来发出各种指令,接收水下部分传送来的信号并将它们转换成二进制码或十进制码进行终端显示,或通过各种接口传送到外部设备。它主要包括电源、解调器、数模转换器、显示器、串行和并行接口等必备电子元器件的电子线路。它可连接计算机、磁带机及绘图仪等外部设备,以用来存储、处理和显示资料。与其他同类观测仪器相比,CTD 具有零漂小、长期稳定性好、噪声低等优点,所得资料具有极高的准确度和分辨率。在进入海洋世纪的今天,动力海洋、海洋生态、海洋资源的调查开发以及近海海洋的整合治理等,都与 CTD 测量密切相关。CTD 未来发展的趋势是小型低耗、快速采样、高频响应。

为了保证观测数据的科学性,CTD 仪在投放时,应尽量遵循如下规则:

(1) 要保证仪器安全。务必不要使仪器传感器碰到船舷或触底,释放仪器要在迎风舷,避免仪器压入船底。传感器应放在阴凉处,切忌曝晒。

(2) 根据现场水深确定传感器的下放深度。温盐深仪传感器下放速度一般应控制在 $50 \sim 100 \text{ cm} \cdot \text{s}^{-1}$;在浅海或上温跃层下放速度选在 $50 \sim 100 \text{ cm} \cdot \text{s}^{-1}$;在深海季节层以下下降速度可稍高,但也不宜超过 $150 \text{ cm} \cdot \text{s}^{-1}$,并且一次观测中尽量保持不变。若船只摇摆剧烈,应选择较大的下降度,以免观测资料中出现较多的深度(或压强)递压现象。

（3）若传感器过热或海-气温差较大时，观测前应将传感器放入水中停留数分钟进行预热（冷）。观测时，先将传感器下放到水面，然后再下放观测，观测前记下传感器在水面时的深度（压强）测量值。自容式温盐深仪应根据取样间隔确认在水面已记录了至少一组数据后方可下降开始观测。

传感器下放时获取的数据为正式测量值，传感器上升时获取的数据为水温数据处理时的参考值。观测期间应记录仪器的型号、编号，测站的站号，站位和水深，观测日期，开始时间（传感器入水开始下放时间），结束时间（传感器到达底层的时间）和观测深度，数据取样间隔，传感器下放速度，传感器上升速度（当获取上升数据时）和传感器出水时间（当获取上升数据时）以及船只漂移情况等。

获取的记录，如磁带、磁盘、固体存储器或记录曲线等，应立即读取或查看；若发现大量缺测数据、记录曲线间断和不清楚时，应立即补测。若确认传感器的测温漂移较大，应检查传感器的测温系统，找出原因，排除故障。在观测时，还应写下简洁的 CTD 观测日志，记下投放日期、时间、测站位置、海深以及其他必要情况；若同时进行采水测温，则应填写采水测温表格。

3.2.3 投掷式温度计

XBT 是一种常用的测量温深的系统，它由传感器、信号传输线和接收系统组成（图 3-3）。传感器通过发射架投放，传感器感应的温度通过导线输入接收系统并根据仪器的下沉时间得到深度值。利用 XBT 进行温深观测时，可以在船舶航行时使用的 XBT，称为船用投弃式深温计（SXBT）；利用飞机投弃的 XBT，称为航空投弃式深温计（AXBT）。

图 3-3 XBT 传感器及手控发射器

XBT 易投放，并能快速地获得温深资料，因而得到广泛应用。传感器深度根据记录时间，由下面的下降关系式得出：

$$d = 6.472\ t - 0.00216\ t^2 \quad (3-1)$$

式中，d 为深度（m），t 为时间（s）。t 的二次项表示下降速度随时间增加而减少。这是由于导线逐渐释放、传感器重量减少所致。装在传感器上热敏电阻的时间常数为 0.1 s，把它代入上式可得 65 cm 的分辨率。最通用的两种传感器分别可测到 450 m 和 700 m 以浅的温度数据。

XBT 的主要优点是成本低，它可以接装在各种船只上，在一定航速和海洋条件下投掷。但是它容易发生多种故障：①由于导线通过海水地线形成回路，如果记录仪接触不良，就记录不到信号；②若导线碰到船体边缘，将绝缘漆磨损，则可能使记录出现尖峰或上凸现象；③如果导线暂时被挂住导线拉长，也会出现温度升高现象。

此外，常见的温深系统还有测温链，其基本组成是类似几组 CTD 传感器通过电缆联系在一起，由一个控制单元控制并记录观测数据，在使用中可由调查船投放或锚定定点长期测量。

3.2.4 遥感测温

海表温度（sea surface temperature，SST）是海洋研究的重要参数之一，直接影响大气和海洋间的热量、动量和水汽交换，是决定海－气界面水循环和能量循环的重要参数，影响全球表面的能量收支平衡，在全球海洋和气候研究中起着重要的作用。

在 SST 实际观测中，传统的船舶走航、海上浮标及沿岸观测站等数据获取方法，对于现阶段以及今后对海洋领域的深入研究探索，显然在时间的同步性以及空间分布的连续性方面都无法令人满意。相对而言，卫星遥感具有明显优势，其观测周期短、频率高，能够实现实时、同步、连续密集的探测，覆盖范围广，几乎遍及全球所有海域，实现了大面积、长期、重复的测量，这些无可比拟的优越性使得卫星遥感 SST 成为不可或缺的数据源，并为海洋领域的深入探索研究带来了里程碑式的改变。

海表温度可以用红外和微波遥感观测，红外遥感观测获得的是海表皮微米级层厚上的平均温度，常用的红外 11 μm 大气窗口测得的海表温度是由海表较薄层（约 30 μm）散发出的能量引起的，它代表了最接近真实值的 SST 值；而微波遥感观测的是海表层毫米级层厚上的平均温度，例如，工作在 10 GHz 的被动式微波辐射计接收的是上层约 2 mm 厚水体散发的能量，其观测值比红外通道观测值略低，不过仍略高于真实值。表皮温度和水体温度之间的差通常在 ±1 K 内，红外遥感观测能力易受云层的影响；微波遥感测温的空间分辨率比较低，只有 10～50 km，原因是在 1～90 GHz 大气透射窗口内辐射亮温信号较小。

在无云海区，遥感测量的海表水温绝对精度可达到 1 ℃，相对精度可达到 ±0.5 ℃。目前，运用卫星遥感观测 SST 应用较广泛的是红外遥感技术，如高分辨率成像光谱仪（advanced very high resolution radiometer，AVHRR）和中分辨率成像光谱仪（moderate resolution imaging spectroradiometer，MODIS）等系列传感器都能产出高质量的海温产品。随着探索研究的不断深入，红外遥感受水汽和云的影响较大等缺点逐渐显现出来，微波遥感利用微波的波长比大气层中空气分子和气溶胶的粒径大很多、可以穿透较薄的云层的特点，对海表温度进行全天候不间断的观测，因此，微波技术被越来越多地应用于海温观测研究。

第四章 海水盐度观测

海水中含有大量的元素,迄今已经测量和估计出的有 80 余种,其中,有 11 种是主要成分,它们的总量占海水各元素总含量的 99.9% 以上。大量的海水分析结果表明:不论海水中含盐量的大小如何,各主要成分之间的浓度比基本上是恒定的,这种规律称为"海水组成恒定性规律"。海水组成恒定性规律的发现,为测定海水的盐度提供了方便条件,如果准确地测定出各主要成分之间的浓度比值,则可通过测定某一主要成分的含量,推算出海水的盐度。但是,随着分析技术的提高,已经证明这种恒定性规律并不十分准确,在不同的海区或在不同的深度上,海水的某些成分存在着一定的差异。

4.1 盐度的定义和演变

由于海水是含有多种无机盐类的溶液,盐度是其浓度的一种量度,它是描述海水特性的基本物理量之一,海洋中发生的许多现象都与盐度的分布和变化密切相关。因此,人们长期以来对盐度的定义、计量标准和测量技术等进行了广泛的研究和讨论,先后有 1902 年提出的传统盐度定义、1969 年的电导盐度定义和 1978 年的实用盐标等。

4.1.1 1902 年传统盐度定义

传统的盐度定义于 1902 年由克纽森(M. H. C. Knudsen)等给定,这就是:海水样品的盐度(符号 S)表示海水样品中所溶解的固体物质的总质量除以该样品的质量,条件是在所有碳酸盐转变为氧化物、全部溴和碘被氯置换、所有有机物被氧化之后。含氯度与盐度的关系式如下:

$$S = 0.030 + 1.8050 cl \tag{4-1}$$

式(4-1)称为克纽森盐度公式,式中 cl 为海水的含氯度,即"1 kg 海水中的溴和碘经氯当量置换,氯离子的总克数",单位是 $g \cdot kg^{-1}$。

克纽森盐度公式使用时,采用的是统一的硝酸银滴定法和海洋常用表,这在实际工作中显示出了极大的优越性,因此,一直使用了 70 年之久。但是在长期的使用中也发现,克纽森盐度公式只是一种近似的求值方法,而且代表性较差,滴定法在船上操作也不方便,于是人们开始寻求更精确、更快速的方法。

4.1.2 1969 年电导盐度定义

20 世纪 60 年代初期,英国国立海洋研究所考克斯(R. A. Cox)等人从各大洋及波罗的海、黑海、地中海和红海，采集了 200 m 层以浅 135 个海水样品。首先，应用标准海水，准确地测定了水样的氯度值。其次，测定了不同盐度的水样与盐度为 35 psu、温度为 15 ℃ 的标准海水在一个标准大气压下的电导比 R_{15}，从而得到了盐度 – 氯度的新的关系式和盐度 – 相对电导率的关系式。这就是 1969 年的电导盐度定义，以代替盐度的传统定义。其关系式是：

$$S = 1.80655 cl$$
$$S = -0.08996 + 28.29720 R_{15} + 12.80832 R_{15}^2 - 10.67869 R_{15}^3 \\ + 5.98624 R_{15}^4 - 1.32311 R_{15}^5 \quad (4-2)$$

如果是在温度 t 测得电导比 R_t，则应进行温度订正，即

$$R_{15} = R_t + 10 - 15 R_t (R_t - 1)(t - 15)[96.7 - 72.0 R_t + 37.3 R_t^2 \\ - (0.63 + 0.21 R_t^2)(t - 15)] \quad (4-3)$$

用此方法测定盐度，精度高、速度快、操作方便，适于海上现场观测。但在实际运用中，1969 年的盐度定义仍存在着一些问题：首先，1969 年的电导盐度定义仍然是建立在海水组成恒定的基础上，它是近似的。在电导测盐中校正盐度计使用的是哥本哈根标准海水，当标准海水发生变化时，氯度值可能保持不变，但电导值将发生变化，也就是说，标准海水带来的误差能超过电导测盐仪器本身的误差。其次，1969 年的电导盐度定义是利用世界各地区自然海水样品的氯度与相对电导率资料求得的大洋海水的一种平均关系，与实际情况存在一定的偏差。最后，按照 1969 年电导盐度定义制成的国际海洋常用表，适用的温度范围在 10～31 ℃，而在现场测得低于 10 ℃ 的情况很普遍。

4.1.3　1978 年实用盐标定义

基于上述的原因，有必要对 1969 年的电导盐度定义进行一些改进。由联合国教科文组织（UNESCO）、国际海洋考察理事会（ICES）、海洋研究科学委员会（SCOR）以及国际海洋物理科学协会（IAPSO）四个组织发起，成立了有关的研究小组（后来扩大成为"国际海洋学常用表和标准联合专家小组"，JPOTS），经过多年的工作，于 1980 年 9 月在加拿大召开的海洋学常用表和标准联合专家小组报告会上，正式通过了 1978 年实用盐标（practical salinity units，PSU）及其用表，和 1980 年国际海水状态方程及其用表。为此，联合国教科文等组织联合发出通告，要求各国海洋工作者自 1982 年 1 月 1 日采用 1978 年的实用盐标和 1980 年的国际海水状态方程。

实用盐度仍然是用电导方法测定的，与 1969 年电导盐度定义不同的是，它克服了海水盐度标准受海水成分变化的影响问题。在实用盐标中，采用了一种可以精确测定的高纯度氯化钾（KCl）溶液，作为可再制的电导标准，用相对于 KCl 溶液电导比的方法来确定海水样品的盐度值。它与绝对盐度值有差异，所以用"实用盐度"来表示。

1978 年海水实用盐标的完整定义如下：①绝对盐度（符号为 SA）是溶于海水中物质的质量与海水质量之比。实际上，这个量不能被直接测量，故定义了实用盐度以表示海洋观测结果。②海水样品的实用盐度（符号为 S）是根据 15 ℃、1 个标准大气压条件下，海水样品的电导率与质量分数为 32.4356×10^{-3} 的标准 KCl 溶液的电导率之比 K_{15} 定义的。在此条件下，电导率比 K_{15} 等于 1 的海水样品，其实用盐度定义为 35。其余实用

盐度值根据 K_{15} 通过下式定义：

$$S = \sum_{i=0}^{5} a_i K_{15}^{i/2} \tag{4-4}$$

式中，$a_0 = 0.0080$，$a_1 = -0.1692$，$a_2 = 25.3851$，$a_3 = 14.0941$，$a_4 = -7.0261$，$a_5 = 2.7081$，$S = \sum_{i=0}^{5} a_i = 35$。

也就是说，实用盐度是采用高纯度的氯化钾，用称量法配制成浓度为 32.4356×10^{-3} 的溶液，作为测盐的参比标准，其在 1 个标准压下、温度为 15 ℃ 时的电导率，刚好与同压同温下、盐度为 35 psu 的国际标准海水的电导率相同，它们的电导比 $K = 1$，即当 $K = 1$ 时，标准氯化钾溶液对应的实用盐度值为 35。这一点作为实用盐度固定的参考点，其他的盐度通过式（4-4）计算。式（4-4）在实用盐度 $2 \leq S \leq 42$ 范围内成立。

实用盐度一般用 S 来表示，是无量纲的量。式（4-4）中的 K_{15} 可用 R_{15} 来替代。R_{15} 表示在大气压下，温度为 15 ℃ 时海水样品与实用盐度为 35 的标准海水的电导比。

对于任意温度下海水样品的电导比的盐度表达式为：

$$S = \sum_{i=0}^{5} a_i R_T^{i/2} + \frac{T - 15}{1 + 0.0162(T - 15)} \sum_{i=0}^{5} b_i R_T^{i/2} \tag{4-5}$$

式中，第一项中的系数与公式（4-4）中的相同。第二项为温度修正项，系数 b_i 分别为：$b_0 = 0.0005$，$b_1 = -0.0056$，$b_2 = -0.0066$，$b_3 = -0.0375$，$b_4 = 0.0636$，$b_5 = -0.0144$，$\sum_{i=0}^{5} b_i = 0$。

4.2 盐度观测要求

在大洋中，盐度的变化幅度一般在千分之几的范围。而河口或近岸海洋的水体盐度往往变化剧烈，盐度在几十千米甚至几千米范围内由淡水变为海水。在丰水季节，在数米水深范围内，盐度差往往可达 10～20 psu，在高度层化的河口可达更高。因此，河口的盐度梯度在海洋水体中是最大的。由此形成的密度梯度是河口水体运动的一个重要的驱动力。一般来说，河口表底水层的温度差不超过 2～3 ℃ 时，对应的密度差不超过 1 kg·m^{-3}。而在部分混合河口，垂向的盐度差（一般在 10 m 以内）常可以超过 10 psu，对应的密度差超过 6 kg·m^{-3}。而纵向的盐度差（一般在几十千米内）可以超过 30 psu，对应的密度差超过 20 kg·m^{-3}。因此，在河口环境，从动力角度考虑，盐度的变化更为重要。

4.2.1 精度要求

海洋内部不同垂向层位或者不同的水平位置，对海水测量的精度要求都不一样。另外，根据不同的观测任务，需要同时兼顾观测海区、观测方法以及观测仪器的不同，提出不同的盐度准确度的要求。通常对海上水文观测中盐度准确度分为三级标准（表 4-1）。

表 4-1　盐度测量等级与精度、分辨率

准确度等级	精度/%	分辨率/psu
1	±0.02	0.005
2	±0.05	0.01
3	±0.2	0.05

4.2.2　层次与时次要求

盐度观测的层次与时次要求同水温一样。大面或断面测站，船到站观测 1 次；连续站每小时或每两小时观测 1 次，如果可能，最好连续记录，间隔越短越好；沿岸台站一般按每天 4 个时刻（2：00，8：00，14：00，20：00）进行海表盐度观测。

4.2.3　测量方法

盐度测定，就方法而言，有化学方法和物理方法两大类。

（1）化学方法。化学方法又简称硝酸银滴定法。其原理是，在离子比例恒定的前提下，化学方法采用硝酸银溶液滴定，通过麦克伽莱表查出含氯度，然后根据氯度和盐度的线性关系来确定水样盐度。此法是克纽森等人在 1901 年提出的。在当时，不论是从操作方便上，还是就其滴定结果的准确度来说，都是令人满意的。

（2）物理方法。物理方法可分为比重法、折射法、电导法 3 种。比重法测量原理涉及海洋学中广泛采用的比重定义，即在一个大气压下，单位体积海水的重量与同温度同体积蒸馏水的重量之比。由于海水比重和海水密度密切相关，而海水密度又取决于温度和盐度，所以比重计的实质是：根据比重求密度，再根据密度、温度推求盐度。折射法是通过测量水质的折射率来确定盐度。以上两种测量盐度的方法存在误差较大、准确度不高、操作复杂、不利于仪器配套等问题，逐渐被电导测量所代替。电导法是利用不同盐度具有不同导电特性来确定海水盐度的。

1978 年的实用盐标解除了氯度和盐度的关系，直接建立了盐度和电导率比的关系。由于海水电导率是盐度、温度和压力的函数，因此，通过电导法测量盐度必须对温度和压力对电导率的影响进行补偿。采用电路自动补偿的这种盐度计为感应式盐度计。采用恒温控制设备免除电路自动补偿的盐度计为电极式盐度计。

感应式盐度计的原理为电磁感应，它可在现场和实验室测量，有着广泛的应用。在实验室测量中其准确度可达 ±0.003。该仪器对于有机污染含量较多、不需要高准确度测量的近海环境来说，测量效果较好。然而，由于感应式盐度计需要的样品量很大，灵敏度不如电极式盐度计高，并需要进行温度补偿，操作麻烦，这就导致感应式盐度计转向电极式盐度计发展。

最先利用电导测盐的仪器是电极式盐度计。由于电极式盐度计测量电极直接接触海水，容易出现极化和受海水的腐蚀、污染，使性能减退，严重限制了其在现场的应用，所以它主要用在实验室内做高准确度测量。加拿大盖德莱因（Guildline）仪器公司采用四极结构的电极式盐度计（8400 型），解决了电极易受污染等问题，于是电极式盐度计得以再次风行。目前，广泛使用的 STD、CTD 等剖面仪大多数是电极式结构的。

4.3 盐度测量仪器

4.3.1 CTD 盐度测量

CTD 测量盐度的原理是利用 CTD 的电导率传感器测量海水电导率，然后，基于同时测量的温度与压力数据转换为实用盐标。

电导率传感器主要为电极式和感应式，精度均为 $0.001\ \text{mS} \cdot \text{cm}^{-1}$。两种传感器各有所长。一般说来，电极式测量精确度高，抗干扰能力强，但是时间常数大，易污染，清洗复杂。感应式的坚固稳定，响应速度快，易清洗，但是易受电磁干扰，精度不高。美国海鸟（Seabird）公司采用电极式电导率传感器，设计了潜水泵强制水流速度，消除盐度尖锋。通过温度传感器的时间常数、调节泵流量、实现数字补偿，有其独到之处。但是，这种设计方案近来遭到海洋微结构研究工作者的质疑，他们认为潜水泵的介入破坏了海水的自然状态。由于海鸟公司三电极时间常数较长，意大利的 Idronaut 公司的 OCEAN SEVEN 系列的 CTD 剖面仪（图 4-1），运用了无泵的大导流口径的七电极与海鸟公司竞争，其中，320Plus 型 CTD 采用 24 位高速 CT 数字回路，可提供高达 40 Hz

(a) OCEAN SEVEN 320Plus 机身

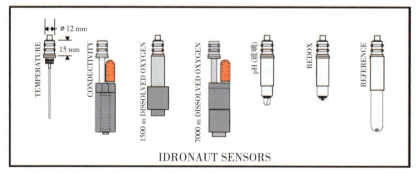

(b) 可搭载的传感器

图 4-1 无泵七电极温盐深仪

的采样频率。另外，它也可以装载多种传感器。

从调查现场的 CTD 获取的相对电导率、温度、压力数据，必须经过处理后才能得到盐度信息，现场测定的相对电导率可分成三部分，即

$$R = \frac{C(S,T,P)}{C(35,15,0)} = \frac{C(S,T,P)}{C(S,T,0)} \frac{C(S,T,0)}{C(35,T,0)} \frac{C(35,T,0)}{C(35,15,0)} = R_P R_T r_T \quad (4-6)$$

式中，C（35，15，0）是一个定标常数，它与定标时实验条件有关。

如果采用现场测量的电导比 R，则应采用下式先求出 R_T：

$$R_T = \frac{R}{r_T R_P} \quad (4-7)$$

式中，r_T 为实用盐度为 35 psu 的参考海水在温度为 t（℃）时与其在 15 ℃ 时电导率的比值，R_P 为现场测得的电导率与同一样品在相同温度和 $P=0$ 条件下电导率的比值，它们分别表示为

$$\begin{aligned} R_P &= \frac{C(S,T,P)}{C(S,T,0)} = 1 + \frac{P(C_1 + C_2 P + C_3 P^2)}{1 + d_1 T + D_2 T^2 + (d_3 + d_4 T)R} \\ &= 1 + \frac{2.070 \times 10^{-5} P - 6.370 \times 10^{-10} P^2 + 3.989 \times 10^{-15} P^3}{1 + 3.426 \times 10^{-2} T + 4.464 \times 10^{-4} T^2 + (4.215 \times 10^{-1} - 3.107 \times 10^{-3} T)R} \\ r_T &= \frac{C(35,T,0)}{C(35,15,0)} = 6.76612 \times 10^{-1} + 2.00557 \times 10^{-2} T + 3.989 \times 10^{-4} T^2 \\ &\quad - 7.04373 \times 10^{-7} T^3 + 1.11940 \times 10^{-9} T^4 \end{aligned} \quad (4-8)$$

式中，P 为现场压强，以 kPa 为单位，T 为现场温度。式（4-4）~（4-8）在温度为 -2~35 ℃，压强为 0~10 kPa，实用盐度为 2~42 psu 范围内均有效。CTD 观测的盐度即是利用上式进行计算的。

4.3.2 遥感测盐

海表面盐度（sea surface salinity，SSS）是海洋的一个重要物理、化学参量，是决定海水基本性质的重要因素之一。海洋环流和全球水循环是海洋-气候系统中的两个重要组成部分，它们的相互作用导致盐度发生变化，从而影响海洋储存和释放热能的能力，并且影响海洋调节地球气候的能力。海洋盐度是描述海洋环流的关键变量，对海洋盐度进行观测可以加强对全球水循环的理解，同时它也是研究水团的重要流量示踪物。海洋盐度在海洋碳循环中也起到了重要作用，为估计海洋吸收释放 CO_2 提供了可靠的参量依据。

遥感测量盐度的原理是由于海水表面的盐度能影响海水的介电常数，从而也影响到海水的微波辐射发射率。卫星微波遥感可以满足盐度研究过程中大范围、连续观测的需要，国际上统一的认识是选择以 1.413 GHz 为中心、宽度为 20 MHz 的频率波段（即通常所说的 L 波段）作为盐度遥感的首选波段。云对该波段的影响可以忽略，除了大雨天气外，可以进行全天候观测。

发展海水盐度遥感信息提取技术，首先要研究传感器因素（如波段、频率、极化、入射角）、海表面环境因素（如温度、表面粗糙度）、空间环境因素（如宇宙背景辐射、太阳辐射、无线电干扰）等对盐度遥感的影响，然后建立实用的盐度反演算法。目前，

海面盐度微波遥感反演算法主要有两种：基于海表发射率估算海表盐度的算法和基于贝叶斯定理提出的反演算法。

当前，有两颗在轨卫星在观测海表面盐度：欧洲空间局 ESA 的 SMOS 卫星、美国宇航局 NASA 和阿根廷空间局 CONAE 共同开发的 Aquarius/SAC-D 卫星。现有算法可将海表面盐度遥感的反演精度控制在 0.2 psu 以内。

第五章 流速观测

海水运动可分解为湍流、波动、周期性潮流和较稳定的余流等分量，这些流动有着不同的尺度、速度和周期，并随风、季节和年份而变，其强度一般由海面向深层递减。这里讲的海流主要是指空间尺度较大（大于 5 km），时间较长（周期超过 12 h）的海水水平运动，主要包括周期性潮流和非周期性余流。

海流为矢量，观测参数包括流速和流向。单位时间内海水流动的距离称为流速，单位为 $m·s^{-1}$ 或 $cm·s^{-1}$，流向指海水流去的方向，单位为度（°）。约定正北为 0°，顺时针旋转，正东为 90°，正南为 180°，正西为 270°。海流观测层次参照温度观测层次，或根据需要选定，但海流观测的表层，规定为 0～3 m 以内的水层，由于船体的影响（流线改变或船磁影响），往往使得流速、流向测量不准。

海流连续观测的时间长度不少于 25 h，至少每小时观测一次。预报潮流的测站，一般应进行不少于 3 次符合良好天文条件的周日连续观测。在测量海流的同时，还要同时进行风速、风向等气象要素观测，以便对海流变化提供客观分析条件。

5.1 海流观测方式

随着科学技术和海洋学科本身的不断发展，观测海流的方式也在不断地改善和提高。按所采用的方式和手段，海流观测大体可划分为随流运动进行观测的拉格朗日方法和定点的欧拉方法。

5.1.1 拉格朗日方法

浮标漂移测流方法是根据自由漂移物随海水流动的情况来确定海水的流速、流向，主要适用于表层流的观测。最早的漂移物就是船体本身或偶然遇到的漂浮物，以后逐渐发展成使用人工特制的浮标。

浮标漂移测流法虽然是一种比较古老的方法，但在表层观测中有其方便实用的优点，而且随着科学技术的发展，已开始应用雷达定位、航空摄影、无线电定位等工具来测定浮标的移动情况，这样就可以取得较为精确的海流资料。

浮标漂移测流法通过使浮子随海流运动，记录浮子的空间－时间位置，然后计算海流流速。这些浮子可以是表面浮标、中性浮标、带水下帆的浮标、浮游冰块等。这些方法具有主动和被动性质，因此，可以借助于岸边、船上、飞机或者卫星上的无线电测向和定位系统跟踪浮标的运动。若测量深层海水的流速和流向，则可以采用声学追踪中性浮标方法。

5.1.2 欧拉方法

在海洋水文观测中，海流多采用定点方法测量，以锚定的船只或浮标、海上平台或特制固定架等为承载工具，悬挂海流计进行海流观测。

5.1.2.1 定点台架方式测流

在浅海海流观测中，若能用固定台架悬挂仪器，使海流计处于稳定状态，则可测得比较准确的海流资料并能进行长时间的连续观测。

（1）水面支架。若在观测海区内已有与测流点比较吻合的海上平台或其他可借用的固定台架，用以悬挂海流计，是既节省又有效的测流方式。实测时，要尽可能地避免台架等对流场产生的影响，否则，测得的海流资料误差过大，甚至不能使用。

（2）海底支架。按一定尺寸制作棱锥形台架放置海底，将海流计固定于框架中部的适当位置，就能长时间连续观测浅海底层流。当然，要必须能够保证仪器安全并能确保台架不会在风浪下翻倒或出现其他意外事件。

5.1.2.2 锚定浮标

以锚定浮标或潜标为承载工具，悬挂自记式海流计进行海流观测，称为锚定浮标测流。有的仅用于观测表层海流，有的则用于同时观测多层海流。前者通常布放在进行周日连续观测的调查船附近，以取得海流周日连续观测资料，观测结束时将浮标收回。后者一般是单独或多个联合使用，以取得长时间海流资料，观测结束后将浮标收回。最新发展的大中型多要素水文气象观测浮标一般都有测流传感器，可进行长时间同步连续的海流观测。

5.1.2.3 锚定船测流

以船只为承载工具，利用绞车和钢丝绳悬挂海流计观测海流仍是过去常用的和最主要的测流方式。首先根据水深确定观测层次，其次将海流计沉放至预定水层，测量流速和流向并记下观测时间。当钢丝或电缆倾角大于10°时，必须作深度的倾角订正。如用自记式海流计，则采用三脚架和平衡浮标，在钢丝绳上悬挂多台海流计同时观测多层海流。

5.1.3 走航测流

在船只航行时，也可同步进行流速观测。如走航式海流观测仪器（ADCP），为海流观测开辟了新的途径。其测流原理大多是，基于底跟踪技术或差分GPS技术，测出船对海底的绝对运动速度和方向，同时测出船对水的相对运动速度和方向，再经矢量合成得出海流的流速、流向（海水相对海底的运动速度和方向）。

5.2 海流观测仪器

海流观测是水文观测中最重要而又最困难的观测项目，现场条件对海流观测的准确度有极大的影响。为了在恶劣的海洋条件下，能准确、方便地观测海流，科学家研制出了各具特色的海流观测仪器。

5.2.1 机械旋桨式海流计

机械旋桨式海流计的基本原理是依据旋桨叶片受水流推动的转数来确定流速，用磁罗经确定流向（必须进行磁差校正）。根据这类仪器记录方式的特征，大致可分为厄克曼型、印刷型、照相型、磁带记录型、遥测型、直读型、电传型等形式的旋桨海流计。

现阶段经常使用的价格低廉的测流仪器为直读式海流计，它是船用定点测流仪器。流速流向测量的电信号均经电缆传递到显示器，测量数据直观，资料整理方便，测量速度快，有的可以兼测深度。仪器最大使用深度为 150～660 m，流速测量范围为 5～700 cm·s^{-1}。这种仪器，美国、苏联、日本都有生产，青岛海洋大学海洋仪器厂也批量生产。

5.2.2 电磁海流计

电磁海流计是应用法拉第电磁感应定理，通过测量海水流过磁场时所产生的感应电动势来测定海流的。根据磁场的来源不同，可分为地磁场电磁海流计和人造磁场电磁海流计两种。

地磁场电磁海流的优点是可以走航自记，水下部件结构简易、可靠性高；缺点是由于它与地球垂直磁场强度有关，不能在赤道附近使用，只适用于地磁垂直强度大于 0.1 A·m^{-2} 的海区。同时，它受船磁的影响也较大。

人造磁场电磁海流计（图 5-1）的使用受深度和纬度的限制不大。它适于船用或锚定水下测量，和通常使用的直读式海流计差不多，只是水下传感器不同。它的水下传感器呈流线型，底部垂直地安装两对电极，内装有电磁线圈，把正弦交流电作用在线圈上，线圈便产生交流磁场；当海水流过磁场时，电极产生一个输出信号，根据输出信号的相位和振幅，最后换算得出流速值。其主要优点是准确度高，测量值可靠，体积小，操作简便，无活动部件，对流场影响小。

图 5-1 电磁流速仪 Model ISMart（HS engineers）

5.2.3 光学式海流计

通过多年的研究表明，激光多普勒技术也可以应用在海洋中测流。激光多普勒测速仪（laser doppler anemometry，LDA）通过激光传感器的示踪粒子的多普勒信号，再根据速度与多普勒频率的关系得到速度。激光测量对流场没有干扰，测速范围宽，多普勒频率与速度是线性关系，和该点的温度、压力没有关系，是目前世界上速度测量精度最高的仪器。激光多普勒流速计的准确度能达到百分之几的量级，空间分辨率大约为0.5 m，时间分辨率大约为0.5 s。

5.2.4 声学多普勒海流计

声学多普勒流速剖面仪（acoustic doppler current profilers，ADCP），是20世纪80年代初发展起来的一种测流设备。它是基于声学多普勒频移原理研制的一种先进的流速、流量实时测量设备（图5-2）。根据不同的工作频率，ADCP可以具有较高的分辨率，可测量垂向剖面上的三维流速和后散射强度（可提供泥沙颗粒浓度的信息），测量时不扰动流场，是一种非侵入式的原位测量方式，测量效率高，目前已被广泛用于海洋、河口及内河的流场结构调查、流速和流量测验等作业。

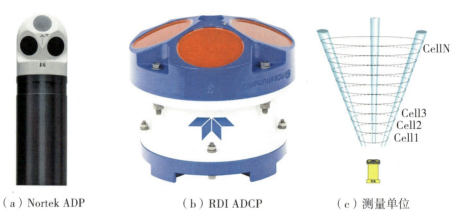

（a）Nortek ADP　　　（b）RDI ADCP　　　（c）测量单位

图5-2　声学多普勒流速仪

5.2.4.1 工作原理

声学多普勒流速剖面仪（ADCP）是目前观测分层海流的最新方法，ADCP利用声学多普勒效应进行测流。当水体中悬浮颗粒与声呐存在相对运动时，声呐接收到的回波波形发生改变，表现为信号频率的偏移，称为多普勒频移现象。

进一步讲，多普勒频移是由于声源与接受物体之间的相对运动而引起的：声源与物体之间在垂直方向的相对运动，不会产生多普勒频移；如果发射某频率的声波被一个移动的物体所反射，会产生多普勒频移。ADCP换能器发射某一固定频率的声波，被流动水体中的颗粒物反射，故而产生了多普勒频移。

ADCP一般配置有3个或4个换能器，换能器与ADCP轴线成一定夹角（20°左右），每个换能器既是发射器又是接收器。换能器发射的声波能集中于较窄的范围内，也称为声束。换能器发射固定频率的声波，然后接收被水体中颗粒物散射回来的声波。当颗粒物接近换能器时，换能器接收到的回波频率比发射波的频率高；当颗粒物的运动方向背离换能器时，换能器接收到的回波频率比发射波的频率低。一定质量的水质点散射单元以速度v运动，根据多普勒效应接收信号频率是

$$f' = \frac{c + v\cos\theta}{c - v\cos\theta}f_0 \qquad (5-1)$$

式中，f' 为接收信号频率；c 为声波在海水中的传播速度；f_0 为发射频率；v 为散射单元运动速度（海流速度）；θ 为发射波束或接收波束与海流方向夹角。则多普勒频移为

$$f_d = f' - f_0 = \frac{2v\cos\theta}{c - v\cos\theta}f_0 \qquad (5-2)$$

由于 $v\cos\theta \ll c$，所以

$$f_d = \frac{2f_0 v\cos\theta}{c}, \quad v = \frac{cf_d}{2f_0\cos\theta} \qquad (5-3)$$

若 $f_0\cos\theta$ 已知，则可测出 f_d 和 c，进而可求得海流的速度 v。

Mackenzie 根据前人研究，于 1981 年提出了在如下特定环境下（温度 T，盐度 S，和深度 D）的声速公式：

$$c = 1448.96 + 4.591T - 5.304 \times 10^{-2}T^2 + 2.374 \times 10^{-4}T^3 + 1.34 \times (S - 35.0) +$$
$$1.630 \times 10^{-2}D + 1.675 \times 10^{-7}D^2 - 1.025 \times 10^{-2}T(S - 35) - 7.139 \times 10^{-13}TD^3$$
$$(5-4)$$

利用回声波波束（至少 3 束）测得水体散射的多普勒频移，便可以求得三维流速，并且可以转换为地球坐标下的 u（东分量），v（北分量）和 w（垂直分量）。

由于声速在一定深度范围内的水体中的传播速度基本是不变的，根据由声波发射和接收的时间差，便可以确定深度。利用不断发射的声脉冲，确定一定的发射时间间隔及滞后，通过对多普勒频移的谱宽度的估计运算，便可以得到垂向剖面上逐层水体的流速。

5.2.4.2 流量测量

装有 ADCP 的测量船横越测流断面（从断面一岸移向另一岸）时，利用声波不断测量水深，同时利用多普勒频移原理测得水体相对于测船的流速和测船相对于河床的运动速度（即船速），根据两速度的矢量差得到水流的真实流速。测船的航迹通过船速和航向计算而得。流速、船速、水深、航向、垂线位置数据由计算机在系统软件的控制下采集处理，并按一定的流量计算方法算出流量。

ADCP 在进行断面流量测验时，其实际测量的区域为断面的中部区域，这个区域称为 ADCP 实测区。在以下 4 个边缘区域内 ADCP 不能提供测量数据或有效测量数据：

第一个区域，靠近水面（表层），其厚度大约为 ADCP 换能器入水深度、ADCP 盲区以及单元尺寸一半之和。

第二个区域，靠近河底（底层），称为"旁瓣"区（河底对声束的干扰区），其厚度取决于 ADCP 声束角（即换能器与 ADCP 轴线的夹角），例如，对于声束角为 20° 的 ADCP，相应的"旁瓣"区厚度大约为水深的 6%。

第三和第四区域为靠近两侧河岸的区域，因其水深较浅，测船不能靠近或 ADCP 不能保证在该垂线上至少有 1 个或 2 个有效测量单元。

上述 4 个区域通常称为非实测区，其流速和流量需要通过实测区数据外延来估算。将 ADCP 与计算机连接，用相应的软件处理测量数据，经计算得到测量流量。

5.2.5 海洋湍流观测

Munk 在总结 20 世纪六七十年代对海洋内波及其小尺度过程的研究工作时将大洋内部运动做了如下划分：粗结构，铅直尺度大于 100 m；细结构，铅直尺度 1～100 m；微结构，即海水湍流运动，铅直尺度小于 1m。海洋中这些不同尺度的运动，其能量传递过程一般是由大尺度向小尺度传递，最终以湍流混合的形式耗散。海洋湍流混合在水体交换与能量转化中起着十分重要的作用，是物理海洋学中一个十分重要的研究领域，因此，大面积、长时间的海洋湍流观测已经成为人们的迫切需求，从而也带动了海洋湍流观测技术的飞速发展。

最早的海洋湍流观测是由 Grant 领导的实验小组在加拿大太平洋海军实验室（PNL）进行的。但是其实验设备因为是船基的拖体水平观测，而且使用的是湍流热膜风速计传感器，所以存在以下三个问题：一是仪器（实验平台）自身的振动严重影响了实验数据的质量；二是船体的晃动直接影响仪器在水中的深度和速度；三是传感器受到环境温度的高度污染。在 20 世纪 60 年代出现了第一代垂向自由、半自由落体观测设备，以解决水平拖体观测仪器的自身振动和船体对仪器的影响。同时由于剪切传感器（airfoil shear probe）的相伴而生，大大地解决了传感器受温度的影响。最近世界上很多海洋学家已经把湍流观测技术与水下机器人（AUV）、锚系观测平台等技术相结合对海洋内波湍流混合展开了大量的观测。

值得注意的是，需要依靠稳定平台观测湍流的设备，如点式湍流仪（ADV），观测时应尽量减少平台对湍流结构的扰动或破坏，否则会不同程度地影响观测数据的精度与质量。严格地讲，湍流观测如"薛定谔的猫"论所述，观测即会对真实的物理世界造成扰动，非侵入式的远场观测才是湍流观测的最佳解决方案。

5.2.5.1 湍流传感器测量载体

自从 1950 年 Grant 等在加拿大太平洋海军实验室（PNL）开展了海洋湍流观测以来，世界上其他一些国家和实验室也相继开始了自己对海洋湍流观测技术的研发。根据湍流测量平台在海洋中运动轨迹的不同，可以大体将其分为水平湍流测量平台和垂向湍流剖面仪（简称垂向剖面仪），以及其他的测量平台，如锚系测量平台。水平测量平台，不言而喻，其在海洋中运动轨迹为准水平的，而垂向剖面仪则是单点的垂向剖面测量平台技术。它们各有利弊，水平测量平台很难从技术上解决实验平台的稳定性，给测量精度带来了很大的不确定性；垂直剖面仪虽然在很大程度上解决了稳定性问题，但是本身的测量过程决定了其测量范围狭小，数据获取量有限。

水平测量平台研发起步比较早，1950 年，Grant 等在加拿大 PNL 研制的湍流观测设备就属于水平测量平台系列。早期的水平测量平台技术多数都是一种在海洋中缓慢运动的拖体设备。PNL 于 1960 年终止了对海洋水平拖体观测设备的研发，转让给了新成立的加拿大海洋科学研究院（Institute of Ocean Sciences，IOS）。接着 IOS 先后在 Nasmyth、Gargett 的组织研发下改进了早期的技术，并取得了可喜的成果。Nasmyth 在近岸观测到了三个环境温度变化较小而速度脉动非常大的数据序列，有一个是 95 s 的，另外两个是 175 s 的。这三个数据序列因为其受环境影响非常小，后来便成了人们普遍认可的一个标准谱，称为 Nasmyth 谱。这一时期使用的传感器多数都是采用热线热膜风速仪技术，受环境温度的污染比较大，并且受船体和测量平台自身振动的影响较大。所以之后 Osborn 和 Lueck 研发的设备便把热线热膜传感器换成了剪切传感器，并且采用了一种长线拖曳技术，极大地提高了数据的质量。Lueck 再一次对长线拖体技术进行了改进，研制成了现在还在应用的水平海洋湍流观测系统 HOTDAD（hotizontal ocean turbulence data acquisition device）。Moum 等在勒冈州立大学研制的 MARLIN 水平海洋测量平台是最新的一种拖体测量设备，不过已经不是单纯的湍流测量设备，而是一种集成了许多其他的海洋要素测量技术于一身的拖体测量系统。

除了水平拖体测量平台技术以外，还有一些其他的非拖体的水平平台技术。Gargett 等研制了一种人工控制的类潜艇实验平台，但是其在水下可操作时间短、耗费昂贵，所以它并不实用。也有直接将湍流传感器装在潜艇上实验的，由于潜艇在海洋中自身的稳定性非常高，这使得其测量精度可以媲美于最精确的自由落体、半自由落体垂向湍流剖面仪的精度 $3 \times 10^{-10} W \cdot kg^{-1}$，不过这样的实验对于一般的科学者来说不好实现。现在常用水平测量平台还有水下自动化设备（AUV），但是这已经不是一种专门的湍流观测仪器，而是一整套海洋环境监测系统。

垂向剖面仪，如微结构剖面仪（图 5-3）一般都是自由落体或半自由落体的，很大程度上或者说完全摆脱了船体的影响。半自由落体的就是下降过程中缆绳不受力，剖面仪完全处于自由落体状态，但是上升是靠缆绳回收的。最早的垂直剖面仪是 Osborn 在加拿大英属哥伦比亚大学研制的。之后加拿大、美国、欧洲、日本等都研制了一系列的垂向剖面仪，如加拿大的 Camel、Octuprobe、EPSONDE、PLY、VMP 等系列；美国的 AMP、RSVP、Chameleon、TOPS、HRP、MSP 等系列；欧洲的 PROTAS、MSS（图 5-3b）、BAKLAN 等系列；日本的 TURBOMAP 系列等。垂直剖面仪无论从时间上还是水平空间上数据量非常有限。并且一般的垂向剖面仪不能测量海表的湍流，首先，其在入水后需要一段下降距离来达到稳定状态；其次，垂直剖面仪一般在船的旁边下放，船体会破坏周围表层海水的湍流结构。Anis 和 Mourn 应用 Chameleon 剖面仪技术研制了一台自由上浮式的微尺度剖面仪，来观测海表的湍流混合。这样的剖面仪是无缆的真正的自由落体剖面仪，剖面仪在下降过程中带有一定的配重，到达设定的深度后自动释放配重上浮。但是其弊端在于回收困难，即使在现在高度发达的科技面前，从茫茫大海中寻找一件仪器也是非常困难的。

自 20 世纪 70 年代，声学多普勒流速剖面仪（ADCP）开始在海洋界得到广泛的应用。随着技术的发展，基于脉冲相干（pulse coherent）原理的 ADCP 测量范围逐渐从平均流尺度扩展到湍流尺度，其垂向分辨率可达厘米级，时间分辨率最高可达 1 s。目前，用于观测湍流垂向结构的 ADCP 主要包括以下几种类型：RDI-ADCP、HR-ADCP、PC-ADCP。它们在河口海岸层化与剪切、潮汐应变过程、湍流混合等方面的研究中得到了广泛应用。虽然 ADCP 可以提供垂向高分辨率的湍流结构，但它在时间分辨率（近 1 s）上受限，声学多普勒点式流速仪（ADV，图 5-3a）可弥补这方面的不足。ADV 对水体单点流速进行高频测量，测量频率最高可达 200 Hz。ADV 实现了时间上高分辨率的局部湍流直接测量，被广泛应用于湍流结构、泥沙输运过程等方面的研究中。

近年来，湍流声学观测技术有了新的突破，实现了湍流垂向剖面的直接测量，如 Nortek 公司生产的小威龙 Vectrino Profiler 和蛟龙 Signature。小威龙 Vectrino Profiler 主要用于实验室观测，其量程仅为 3 cm，垂向分层可小至 1 mm，采样率最大为 100 Hz。蛟龙 Signature 1000 主要用于野外观测，其量程为 20 m，垂向分层可小至 20 cm，采样率最大为 16 Hz。上述仪器的应用，显著提高了湍流测量的时空分辨率，并有效降低了测量信号中的噪声水平。

（a）Nortek ADV　　　　　　（b）SST MSS-90 profiler

图 5-3　声学多普勒点式流速仪（a）及微结构剖面仪（b）

5.2.5.2　剪切传感器测量原理

海洋湍流观测受观测传感器的直接影响，观测传感器的更新换代也就代表着湍流观测的新时代。海洋湍流观测主要应用的是热线热膜传感器和螺旋桨式的剪切传感器（airgfoil shear probe）。现在常用的便是剪切传感器。

最早的海洋湍流观测用的是铂制的热线风速仪传感器（platinum hot-wire probe），其测量的是与传感器平行方向的湍流脉动。这种方式容易被生物附着，并且对温度的反应过于灵敏。为此，Grant 等于 1962 年发明了热膜测速传感器，这样虽然大大减少了生物的污染，但是还是没能解决传感器对温度的过灵敏反应。热线或热膜风速仪敏感元件是一条长度远大于直径的细金属丝探针，或敷于玻璃材料支架上的一层金属薄膜元件。其工作原理是将此探针或热膜元件置于流体介质中，用电加热，使其温度高于流体介质温度。由于热敏元件与流体介质之间存在温度差，就产生了热交换。利用此热交换的大小，就可以求出被测对象的流速、温度甚至浓度的平均值和脉动值。Lueek 和 Osborn 于 1980 年明确指出热敏传感器速度信号很容易被环境温度污染，现在已经很少有人用这种传感器了。

最早的剪切传感器是 Siddon 和 Ribner 于 20 世纪 60 年代在风洞和大气环境实验中发明的，Siddon 于 1971 年对其做了改进并应用在水中。自从 Osborn 于 1972 年将其应用在海洋观测中，剪切传感器便成了海洋微尺度观测最有效的工具。剪切传感器输出信号强并且在微尺度范围内对温度的响应明显弱于热敏传感器。但其也不是没有缺陷，它对湍流较小的涡旋会造成空间平滑，使得测量的湍流强度低于实际的湍流强度。其空间平滑尺度受传感器尺寸的影响，湍流剪切谱随耗散增强移向小的漩涡，也就是说随着耗散的增强，螺旋剪切传感器误差也逐渐增大。

剪切传感器头部的中心轴上是传感器的主体部分——压电陶瓷传感器。外部是聚四氟乙烯保护套和橡皮保护头，防止传感器触伤和潮湿。传感器的后半部分为传感器与实验仪器的连接部分，由内部的导线、环氧脂填塞物和不锈钢保护套组成。传感器在理想的无粘水体中单位长度上的交叉受力为

$$f_p = \frac{1}{2}\rho V^2 \frac{\mathrm{d}A}{\mathrm{d}x}\sin(2\alpha) \tag{5-5}$$

式中，ρ 为水体的密度；A 为探头的受力面积；x 为沿探头主轴从探头顶点到受力点的距离；V 为水体的瞬时速度；α 为受力角度。整个探头的受力就是从探头的顶点到探头的根部（$\frac{\mathrm{d}A}{\mathrm{d}x}=0$）的受力积分，如下所示：

$$\begin{aligned}F_p &= \int_0^L f_p \mathrm{d}x = \frac{1}{2}\rho V^2 \sin(2\alpha) \\ &= \rho A (V\sin\alpha)(V\cos\alpha) \\ &= \rho A U w\end{aligned} \tag{5-6}$$

式中，U 是沿探头主轴方向的仪器与水体的相对速度；w 是探头垂向的脉动速度。Osborn 和 Crawford 指出为了保证探头对交叉脉动速度有一个很好的线性响应，探头相对于交叉受力角度最好小于 10°。从螺旋剪切探头输出的电压信号为

$$E_p = 2\sqrt{2}SUw \tag{5-7}$$

其中，S 为探头的灵敏度函数，与 ρA 有关，并且正比于陶瓷应力探头感应的有效应力对电压的转化率。$2\sqrt{2}$ 是根据实验室结果认为的修正项。探头输出电压信号 E_p 经过电压微分器电路得到 E_s，具体表达式为

$$E_s = \frac{\partial E_p}{\partial t} = 2\sqrt{2}SU\frac{\partial w}{\partial t} \tag{5-8}$$

根据 Taylor 冻结定理：

$$\frac{\partial}{\partial t} = U\frac{\partial}{\partial x} \tag{5-9}$$

可以把从电压微分器中输出的信号转化为想要的湍流脉动剪切信号：

$$\frac{\partial w}{\partial x} = \frac{E_s}{2\sqrt{2}SU^2} \tag{5-10}$$

上面所述为装在水平测量平台上，若是装在垂向剖面仪上，那么测得的便是湍流的水平脉动剪切信号：

$$\frac{\partial u}{\partial x} = \frac{E_s}{2\sqrt{2}SW^2} \tag{5-11}$$

其中，u 是水平速度的脉动，W 为垂直剖面仪相对于海水的速度。

5.2.6 遥感测流

海洋中的海流主要受风、引潮力和密度分布不均匀（产生的斜压力）驱动。在旋转地球上运动流体的表面相对于水准面产生倾斜，而坡度的大小正比于流速。在湾流、

黑潮等西边界流处，坡度量级约为每 100 km 升降 1 m。而由地形效应和风应力所形成的海水升降运动通常极为缓慢，太空遥感无法直接感知其流速，但能识别这种现象和确定其位置。

遥感测流主要使用雷达高度计，它是最具特色和潜力的主动式微波雷达系统。用它可以测出海面起伏、高低不平的"地形"，测量距离约为 800 km，测量误差可控制在 2 cm 以内，精度为 2.5×10^{-8}。借助地转平衡方程，则可以计算出地转流流速。

如果 ζ 为相对于大地水准面的海平面高度，则地转平衡方程可写为

$$fv = g \frac{\partial \zeta}{\partial x}$$

$$fu = -g \frac{\partial \zeta}{\partial y} \tag{5-12}$$

式中，f 是科氏参量，u 是流速东分量，v 是流速北分量，g 是重力加速度。

5.3 海流测量的共性问题

海流测量时常常遇到的一些普遍性问题，比如：如何选择观测时间？如何设置测量频率？如何布置观测站位？这也是其他海洋要素测量时面临的共性问题，把握好一些基本原则，有利于获取到科学的观测数据。

5.3.1 观测时间选择

不管是日潮还是半日潮海区，考虑到都存在全日分潮，即要在 24 h 48 min 的潮周期内，潮流才能完成一个完整的周期性运动。在一个完整的潮流周期内，潮流的速度矢量和理论上为零。正是基于这个原理，才能将周期性的潮流与余流分开。因此，一个完整潮周期的海流观测时间应为 25 h，而不是 24 h。另外，考虑到非线性因素的影响，从更稳妥的角度考虑，可以适当将一个全潮的观测时间延长至 26 h 或 27 h。

无论是科学研究还是工程任务，常常面临着大、中、小潮的不同潮型比较观测。那么如何科学地确定大、中、潮潮发生的时间呢？有一个约定俗成的标准，即在非无潮点海域，按照潮汐调和常数计算的每天最大潮差，画出累积频率分布曲线，在最大潮差频率小于 10% 范围内的任一个潮差，都是大潮；在最大潮差频率接近 50% 范围（45%～55%）内的任一个潮差，都是中潮；在最大潮差频率小于 90% 范围内的任一个潮差，都是小潮。

需要注意的是，在规则或不规则半日潮海域，潮汐的潮差大小与潮流速度大小之间存在正相关关系，但是，在规则或不规则的全日潮海域，如粤东红海湾，流速与潮差之间并不存在这种确定的正相关关系。另外，考虑到近岸浅海水文和化学要素变化迅速，如果要取得平面空间的分布规律，应尽量采取同步调查，否则可能得到的是虚假的现象，离真实现象相去甚远。赫崇本实验即证明了非同步调查可能得出许多虚假结论，这是调查者需要注意的。

5.3.2 测量频率选择

海洋调查工作的任务不仅是提供具有一定精确度的现场测量数据，而且还应该使这些数据所包含的不同尺度的海洋学信息尽可能被提取，也就是说，还需考虑数据在时间、空间上的分布，这就要求施测方式应合理规划。如果希望获得更多的时间尺度信息，则在采样频率上就需要科学设置。

时域抽样定理表明：一个频谱受限的信号 $f(t)$，如果频谱只占据 $-w_m \sim w_m$，则信号 $f(t)$ 可以用等间隔的抽样值唯一地表示。而抽样间隔必须不大于 $\frac{1}{2f_m}$（其中，$w_m = 2\pi f_m$），或者说，最低抽样频率为 $2f_m$。只要离散系统的奈奎斯特（Nyquist）频率高于被采样信号的最高频率或带宽，就可以避免混叠现象。

但是，由于我们无法获取无限长的离散样本序列，要想精确地恢复原过程是不可能的。同样地，我们只能将 $2f_m$ 作为最低采样率，在实用中要想获得所关心的过程的近似，就要增大采样率，取数倍甚至数十倍于 $2f_m$ 的值，如果采样率小于 $2f_m$，则不可能恢复原过程。

由此可见，为了避免遗漏较小尺度的海洋现象，应该尽可能采取较高的采样率。对海洋调查来说，只要条件允许就尽可能加大时、空采样率，即实行对海洋现象的长期监测，监测网的测点应足够密集，而单位时间内重复施测的次数也尽可能多，这样才有可能恢复更多尺度的海洋过程。

5.3.3 测量站位选择

在考虑观测方案时，应首先基于观测海域的最新海图，对调查区域的水深、岛屿、浅滩、水下暗礁、沉船和其他障碍物进行详细了解，这样就可以避免将调查断面和最佳走航路线布设在危险地段。特别在近岸河口区域，水下地形复杂，拖网遍布，极易造成观测事故。

同时，尽可能查阅观测区域已有的研究成果，对该区域的水文、气象、地质、化学等特征要素有一个基本了解，减少制订计划的盲目性、重复性。一次现场野外观测，将消耗大量的人力、物力和财力，且常常关联着仪器与人员的安全问题。而如果结果仅是一次几乎重复的观测，或者错漏百出的观测，或者无甚收获的观测，那都是非常遗憾的事情，事实上这样的故事却在经常性地上演。

除了一些特别的观测目的，一般应参考下面一些基本原则：

（1）远离近岸的调查断面走向应考虑与主流轴垂直。如黑潮区域的调查，断面通常与黑潮主流轴垂直。

（2）近岸调查断面走向要考虑与海岸线垂直。由于受海岸地形影响，海流、温度与盐度等值线的走向多与海岸平行。

（3）近岸固定站位的代表性问题。河口海岸的水下地形变化剧烈，即使仅仅是做一些常规性观测，也需要考虑局部地形可能严重影响观测点的动力结构，而致其无法代表观测海域一般性的分布规律。"白马非马"的逻辑命题在这个空间代表性问题上可以带给我们更多的启示和思考。

（4）在地形突变的地方加密调查站位。沿陆架的海流遇到小尺度的海底地形，可以产生新的次生运动，如地转沿岸流穿过陆架的水下峡谷时，水柱拉升，相对涡度改变，地转平衡破坏，产生沿峡谷轴线向上或向下的流动，海流的强度和分布形式取决于峡谷的宽度和海水层化。

（5）岬角效应的影响。岬角与海湾是一对共生的特殊的地貌单元，一般来说，岬角附近潮流增大，海湾内部潮流减弱，由于岬角流的增强与弯曲，岬角附近平均海平面会局部下降，从而导致这里发育有独特的环流与余流结构，观测时应注意这一特殊动力结构对其他海洋环境要素的影响。

当然，观测站位的设置应当首先满足具体研究目标的实现，在不受风浪或航行安全影响的前提下，尽可能获取到高质量的观测数据。

第六章 泥沙属性观测

海水中存在大量悬浮颗粒物，可以简单地将其分为有机颗粒和无机颗粒。无机颗粒主要为各种矿物质、聚合物、片状金属（films of metals）或其他化学物质等。矿物质中最常见的是高岭石（kaolinite）、伊利石（illite）、蒙脱石（montmorillonite）和绿泥石（chlorite）。有机质则包括藻类（algae）、真菌（fungi）、细菌（bacteria）、多糖（polysaccharides）、聚合物（polymers）、粪类（faecalpellets）、营养物质（nutrients）及动物腐殖质等。

这里讨论的悬浮泥沙主要指的是，随水流运动的有机或无机矿物质，其粒径可以从 10^{-6} m（基本颗粒）到 10^{-2} m（絮团）跨越 4～6 个数量级，其沉降速度主要取决于粒径大小和几何形状。悬浮颗粒物在沉降的过程中，可能会经历溶解、沉淀、絮凝、离子交换、吸附以及解絮等物理化学过程。它对海水中微量元素的含量分布、海水的水色和透明度等都起着重要的控制作用。维持泥沙悬移质悬浮的能量，主要来自水流的紊动。悬移质在水流中的运动轨迹很复杂，单相流理论认为它在水流方向上的运动速度大致与水流速相当。

6.1 泥 沙 属 性

6.1.1 泥沙浓度

单位水体中所含的悬移质泥沙数量称为含沙量，亦称含沙浓度，通常用 kg·m^{-3} 表示，也可用体积分数或质量分数表示。单位时间内通过河流或某一水文断面的悬移质泥沙数量，称为悬移质输沙量，以 t·s^{-1} 或 kg·s^{-1} 计。随着水流动力条件的改变，悬移质与推移质经常进行交换。悬移质与海岸、河口的冲淤有密切关系。

水样含沙量的测定，有过滤法、焙干法、置换法等，此外还可用同位素含沙量计和光电测沙仪在测点上直接测定含沙量。过滤法是最常用的方法：一般用 0.45 μm 的过滤膜将其从海水样品中分离出来，然后去盐（用淡水冲洗），最后在分析天平上称出重量。为了测得含沙量随时间的连续变化过程，要在断面上选择有足够代表性的若干垂线、测点，频繁取样。含沙量沿水深分布是不均匀的，一般床面附近较大，水面处较小，其沿程也是变化的。当来沙量与水流挟沙能力相适应时，称饱和含沙量。当水流含沙量超过饱和含沙量时，称超含沙；反之，称欠饱和含沙。

6.1.2 泥沙粒级

泥沙颗粒可以根据其粒径大小进行分类，图 6-1 为众多分类法中的一种（Wentworth 粒径分级），将泥沙颗粒按粒径大小分为砾石、砂、泥三大类，其中每大类又分为若干小类。

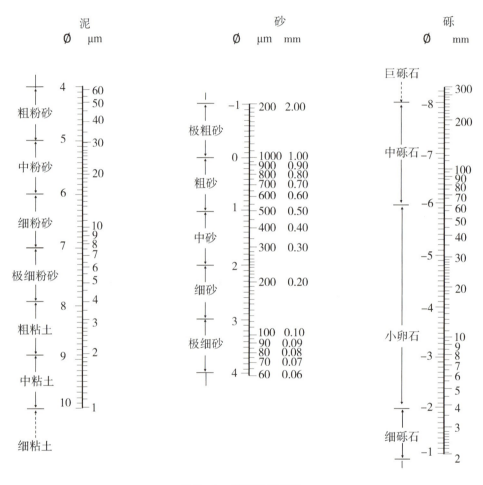

图 6-1 泥沙粒径分级

6.1.3 沉降速度

泥沙沉降速度是指单颗粒泥沙在静止清水中，当有效重力与阻力相等时，以等速方式下沉时的速度，简称沉速，它是泥沙的重要水力特性之一。泥沙沉降实验成果表明，泥沙在静水中下沉时的运动状态与沙粒雷诺数 $Re = wd/\nu$ 密切相关，式中，d 及 w 分别为泥沙粒径及沉速，ν 为水的运动黏滞系数。

泥沙沉速是泥沙的一个十分重要的特性，它反映泥沙在与水流交互作用时对机械运动的抗拒能力。尽管泥沙沉速具有重要的意义，而且在过去的几十年间，也发展了不少的泥沙沉速公式，但关于泥沙沉速的试验研究工作仍然进行得不够充分。随着观测技术的进步，现在我们可以借助仪器设备对现场的泥沙颗粒直接进行沉降速度测量了。

6.2 粒径测量

6.2.1 传统的粒径分析方法

泥沙颗粒形状是不规则的，对于三轴尺寸均较大的单个泥沙颗粒可以采用排水法测出其体积或先使用天平称出其重量再除以泥沙的容重得到泥沙体积，然后换算成体积与泥沙颗粒相等的球体的直径，该直径称为泥沙颗粒的等容粒径。设某一泥沙颗粒的体积为 V，则其等容粒径为

$$d = (6V/\pi)^{1/3} \qquad (6-1)$$

常用单位为 mm，对较大的粒径也可用 cm 为单位。

也可以使用测径规或量规等测量较大的泥沙颗粒长、中、短三轴的大小，记为 a，b，c，将长、中、短的三轴的算术平均值 $(a+b+c)/3$ 或几何平均值 $(abc)^{1/3}$ 定义为泥沙颗粒的粒径。

在实际工作中，对于不易直接测量其体积或长、中、短轴长度的泥沙颗粒，通常采用其他方法确定粒径。在传统的沉积物粒度分析中，最常见的为筛析法和沉析法（移液管法）两种分析法。

6.2.1.1 筛析法

对于砂和细砾而言，筛析法可能是较精确的方法，筛析法分析的泥沙粒径下限为 0.063 mm 左右。筛析法是基于规定的不同孔径的套筛，将样品自粗至细逐级筛分，筛孔间隔最好是 $1/2\phi$ 或 $1/4\phi$。当样品的颗粒大小基本处于筛析粒度范围，大于 0.063 mm 的颗粒多于 85% 时，可直接用筛析法进行筛分。其操作步骤如下：

（1）将原样全部取出，在一定器皿中充分搅拌均匀，然后按四分法取样分析。对大于 25 mm 的砾石，一般应尽可能在野外进行现场分析和描述。

（2）将取好的分析试样风干（或低温烘干），求出干样重，然后用孔径为 0.063 mm 的套筛进行水筛或用淘洗法淘去泥质。

（3）将水筛后留在套筛中的样品或淘洗后残留的样品倒入烧杯，放在电热板上烘干，再移入烘箱以 105 ℃的温度恒温 2 h，放入干燥器冷却 15~20 min，然后在精确度为 0.1% 的天平上称重，得出筛前重。

（4）按规定的粒级选取相应孔径的套筛，在电动振筛机上进行筛分，得出的各粒级样再进行烘干处理，称其重量。按此步骤可求出各粒级百分含量。

6.2.1.2 沉析法

沉析法被广泛用来测定 0.063~0.001 mm 范围内较细的颗粒。沉析法依据的基本原理是，静水中不同泥沙颗粒的沉降速度虽然不同，但均服从于斯托克斯定律，即测定

作为沉降时间函数的某一预定深度处悬浮液的浓度值，就可以求出相应的悬移质的粒径。斯托克斯定律的关系式为

$$W = \left[\frac{(\rho_s - \rho)g}{18\mu}\right]d^2 \qquad (6-2)$$

式中，μ 为液体的黏滞系数，g 为重力加速度，ρ_s 为颗粒密度，ρ 为液体密度，d 为粒径。

有了颗粒的沉降速度和在沉降量筒中预定的取样深度，即可计算出大于某一粒径所有质点（颗粒），最终沉降至该点以下所需的时间。计算公式为

$$t = h/v \qquad (6-3)$$

式中，t 为沉降时间，s；h 为取样深度，cm。

沉析法主要有两类分析方法：移液管法和沉积筒法。这里以移液管法为例，它是根据斯托克定律的质点（颗粒）沉降速度，在悬浮液的一定深度处，按不同沉降时间吸取悬液，由此来求出沉积物各粒级的百分含量。

具体过程如下：将 1 L 悬浮液装入刻度筒中，按标准的时间间隔于顶面向下 10 cm 或 20 cm 标度处取出悬浮样品，取样时间是根据斯托克定律计算出来的。在这些时间上，所有给定当量直径的颗粒都沉降到该标度之下。再次取出的悬浮样属于更细的颗粒。根据全部所取已知体积样品中回收的沉积物重量（干重），即可计算出粒径分布。很明显，从上面简略的介绍中可以看出，沉析法的精度是不高的。

沉析法主要针对在斯托克定律有效范围内的颗粒而言，但即使这样，此粒径范围内颗粒并非球形，而且其密度也无法准确地知道。因此，测定出的粒径其实是所谓的"当量直径"，即相当于同样沉速的球的直径。同时，温度必须是规定的标准 20 ℃。另外，斯托克定律只对无限流体中的单个颗粒才严格有效，浓度即使低于 1% 时也能阻碍沉降。

6.2.2 激光粒度分析法

在多种粒度分析方法中，激光法具有分析速度快、重现性好、测量范围宽等优点，近年来在沉积物粒度分析方面的应用得到进一步扩展，体现在第四纪环境研究与地层划分、海洋矿产研究、古海洋学研究等应用方面。这些研究主要采用了法国 Cilas 和英国 Malven 生产的仪器。其中，马尔文激光粒度分析仪 Mastersizer 2000（MS2000）和 Mastersizer 3000（MS3000，图 6-2）能实现多种材料颗粒的干法或湿法测量。

当激光照射样品颗粒时，会产生颗粒表面衍射、表面反射、颗粒对光的吸收、介质与颗粒的折射等现象，这些现象的相互作用，导致了干涉效应，产生激光散射图谱。其中，散射光角度与样品颗粒的直径成反比，散射光强度随角度的增加呈对数规律衰减，利用这一原理能测量样品的颗粒大小及浓度。很多理论和模型（Frauhofer 或 Mie 理论数学模型）也被开发出来预测颗粒吸收和发射的光，如 MS2000 依据米氏理论进行颗粒粒度分析，该理论能够预测球形颗粒衍射光的方法及光通过颗粒和光被颗粒吸收的途径，再通过光学元件去收集一部分颗粒的散射光，推出衍射模式，然后再运用该理论，计算出颗粒的大小。在粒度大小的描述过程中则采用了等效球体的概念。

MS2000 由光学平台、样品分散附件和仪器软件三个部分组成。在一个典型样品测

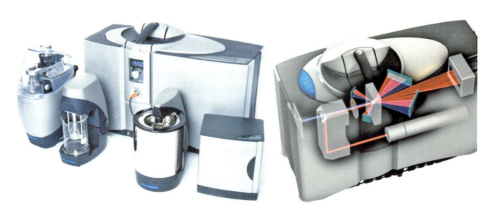

图 6-2 马尔文激光粒度分析仪 Mastersizer 3000

试中,先选取代表性的样品在合适的液体或气体中分散后,将样品穿过光学平台的测量区,激光束照射到颗粒上,分布在相当宽角度范围内的多元检测器对颗粒产生的散射光强度进行测量,再由软件通过适当的光学模型和数学程序对散射数据进行分析,计算出颗粒粒度及粒度分布。MS2000 具有以下性能:①高能量、高稳定性的激光光源;②测量粒径范围较广,为 0.02~2000 μm,MS3000 已将测量范围扩宽至 0.01~3500 μm;③数据采集速率高,能实现样品的快速测量;④测量重复性和准确性较高;⑤具有灵活多样的分散配件,能满足各类干法或湿法样品的分散要求。

6.3 沉降速度测量

泥沙沉速是泥沙运动学研究的基本科学问题和泥沙数学模型的重要参数之一。由于泥沙颗粒组成的复杂性,沉降的直接测量或计算一直是泥沙运动中的关键问题。影响泥沙沉速的因素非常多,普遍认为其与泥沙颗粒粒径和形态、含沙浓度、盐度及温度等有关,测量和试验法是目前运用较多的直接得到泥沙沉速的研究方法。

沉速直接测量的方法有很多,根据测量方法是否会与泥沙颗粒接触,对其沉降产生干扰,可分为接触式和非接触式测量。接触式测量最典型的例子是欧文管,欧文管的测量精度受取样批次和取样人员影响,且容易破坏原有的絮凝结构。此外,欧文管对样品的浓度有较高的要求,当样品颗粒较少时,测量会有较大的难度。总体来说,欧文管测速沉速精度低,与现场沉降速度有较大区别。一般而言,实验室测得的沉速会比现场实际沉速小 1~2 个数量级。为解决这一问题,Mantovanelli 提出 SEDVEL 接触式测量法,该方法不适用于高含沙量的水体的测量。

近年来,随着科学技术的发展,科学工作者越来越注重天然水域沉降特性的原位观测,越来越多的跨专业技术手段被运用于泥沙沉速研究中,如粒子图像技术测量,常用的有原位录像沉速仪 INSSEV 和 PIV 等方法。另外,基于声学湍流仪 ADV 也可反演出粒子沉降速度。

基于激光衍射技术，美国 Sequoia Scientific 公司发展的 LISST（laser in-situ scattering and transmissiometry）系列产品，可以较好地解决现场悬浮颗粒的属性（如体积浓度、粒径、沉速）测量问题，其中，LISST-ST 是专门设计用于现场沉速观测的。

LISST-ST 外形结构见如图 6-3 所示，在激光束路径上附加一个 30 cm 高的沉降管，当水体进入沉降管后，沉降管上下端封闭，开始测量底部的悬浮物体积分数，根据测量得到的体积分数随时间变化的过程，利用相关模型计算得到悬浮物沉降速率。测量时 LISST-ST 应固定在一个稳定的支架上，沉降管保持在竖方向上。外部扰动会干扰沉降实验，应尽量保持系统平稳。

图 6-3 激光沉速仪 LISST-ST

6.4 浓 度 测 量

6.4.1 光学后向散射浊度仪

水体泥沙含量的测量，是河口海岸地区和水文要素观测中一项十分重要的内容。目前，悬移质含沙量测量主要分为传统方法和现代方法。传统方法需要经过现场取样，水样运输至实验室过滤、烘干、称重等一系列环节，再计算出悬沙浓度。传统方法虽较为准确，但操作烦琐、效率低，不能实时连续监测，且需要耗费大量的人力和时间。

近年来，光学仪器已广泛应用于悬沙浓度的观测研究中，光学后向散射仪（optical backscattering，OBS-3A，图 6-4）利用光学后向散射原理，通过接收红外辐射散射量监测悬浮物质。OBS 传感器不仅具有连续测量、线性对应，不受气泡、有机质、周围光线和低温的影响等突出优点，而且可以通过电缆与终端连接，利用专用的软件，对脉冲间隔、发射时间进行设置，可自记测验点的浊度、水深、水温、盐度等特征值，数据的采集、处理均可在现场完成,自动化程度高,且操作简单,能够快速、实时、连续测量,适用于水体含沙量波动较大的潮汐河口及沿海悬浮泥沙的监测。

图6-4 光学后向散射仪

由于 OBS 直接测量的是浊度数据,适用范围为泥沙分布较均匀、含沙量低于 $10\ \mathrm{kg\cdot m^{-3}}$ 的水体,可以使用量纲分析的方法,建立浊度与浓度的相关关系,进行浊度与浓度的转化,反演出泥沙含量。

6.4.2 测量原理

OBS 浊度计的核心是一个光学传感器,用以测量水体浑浊度和悬浮颗粒的浓度。一个较简单的光线在水体中的透射模式为 $a+b=c$。其中,c 为衰减率;a 和 b 分别为吸收率和散射率。光束传到水中,分别被吸收和散射,其中散射又可按散射角分为前向散射($<90°$)、$90°$散射和后向散射($>90°$)。从理论上讲,探测任一吸收、散射量均可测量浊度。按照探测光线的不同,可将探测器分为射束透明度仪(吸收)和散射计。OBS 传感器由若干小型散射计组成,主要探测散射角在 $140°\sim160°$ 的红外光。之所以选择红外线,是因为红外辐射在水中衰减率较高,这样,OBS 无须发射这么远的光束,而太阳光中的红外部分则完全为水体所衰减。

散射具有三个特性:①散射率随散射角增大而减小;②浊度范围随散射角增大而增大;③浊度变化范围代表了粒径的影响,散射角最大时,浊度范围最宽。采用高散射角后向散射,信号强度对颗粒浓度和粒径变化最为敏感。这也正是 OBS 采用 $140°\sim160°$ 散射角的原因所在。

以应用较广泛的浊度仪 OBS-3A 为例,其常用工作模式有两种:①实时测量(Survey)工作模式,OBS-3A 将测量的数据传输至计算机并记录在硬盘中;②自容记录(Log)模式,OBS-3A 将测量的数据存入浊度计的内存中。

OBS 在测量模式时的采样间隔从 1 s 到 60 s;而在记录模式时采样间隔为 $40\sim 3600\ \mathrm{s}$,因此,根据测量的需要可选择不同的采样间隔,需要测量泥沙波动或作垂线测量,应选择较小的采样间隔;长时间测量可以选择较大的时间间隔。

6.4.3 室内标定

由于 OBS 传感器本身测量的是 NTU 或 FTU 值,需要经过浊度和泥沙浓度标定,才能将 NTU/FTU 值转换成泥沙浓度值。由于地域环境的差异,不同水域的泥沙粒径、颗粒组成、浓度等参数可以相差很大,需要用待测地的泥沙样品进行校定。泥沙校定可分为现场泥沙标定和室内泥沙标定两种方法。

现场泥沙标定是指 OBS 测量时，同步采集水样，然后测定现场采集水样的含沙浓度，再对 OBS 浊度进行标定。通常采取垂线测量取样的方法，即将 OBS 放入不同水深的水体中，用实时观测方法测量，时间间隔设置为 1 s，每一层保持 20～30 s 时间；在同一水深，采集水样，称重可得到一组相应泥沙浓度，然后用回归法对所测得的浊度值进行标定。最好在一个潮周期内做两次采样标定，因为涨急和转流时泥沙颗粒组成和浓度有较大差异，而粒径对 OBS 浊度值影响较大。

另一种是室内标定，即在现场采集泥沙，经室内烘干，用天平称重。在标定槽中放入 OBS 浊度计，先放一定容积的蒸馏水，此时浊度、泥沙值均为 0，然后再逐渐投入烘干的泥样，每次按总量的 5%～10% 投入，这样可以得到 10～20 组不同泥沙含量和浊度对应值。然后再用回归法来进行泥沙校定。以下是泥沙校定的标准步骤：①准备好必要的校定使用设备；②用蒸馏水洗涤剂将玻璃器皿及其他用具设备刷净；③在荧光灯下进行校准；④装好传感器，并确保传感器浸入水中至少 5 cm，等 1 h 温度平衡后去掉容器周围气泡；⑤观察计算机输出的 NTU/FTU 值，应稳定没有波动；⑥搅拌混合泥沙，如有必要也可以加少量的水；⑦持续搅动泥沙样品，记录输出数据，增加泥沙样品，每次间隔 3 min；⑧每次加完样品，用注水器取出 500 mL 的溶液，用于悬浮泥沙浓度及颗粒分析；⑨根据 NTU/FTU 值及悬浮泥沙浓度的对应值给出线性回归方程；⑩用上述关系方程对现场测试的浊度值进行校正，从而得到现场悬浮泥沙浓度。

6.5　现场激光粒度分析仪

近年来，泥沙实时监测技术有了长足的发展，出现了多种泥沙实时在线监测仪器，如现场激光粒度分析仪（LISST），这些仪器的出现有力地推动了泥沙监测技术的发展及泥沙输运理论的完善。其中，LISST 是较为先进的泥沙现场监测仪器（图 6-5），可在现场实时完成泥沙颗粒级配与体积浓度的测量，其测量方式是原位、无扰动的，不会破坏絮团的结构，在科研及生产实践中均有广泛的应用前景。

图 6-5　现场激光粒度分析仪

6.5.1　测量原理

LISST 是采用激光衍射技术进行泥沙测验的仪器，可快速、直接采集水流测点含沙量、颗粒级配、水深、水温、激光检测能量和透射率等参数。这种技术不受粒子的颜色和尺寸影响，并且大尺寸粒子衍射角度小，小尺寸粒子衍射角度大。光线照射到粒子上以后，衍射光线绕过粒子，通过一个凸透镜聚焦到由 36 个 LISST-200X 探测环构成的光敏二极管监测器上，这个衍射角度被保存下来，从而转换为粒子的大小分布，同时测量到的光透度用来补偿浓度引起的衍射衰减，运用 Mie 散射理论，可以从数学上反推散射数据而获得水中颗粒物 36 个粒级的体积浓度分布，36 级粒径浓度总和就是悬浮物的总浓度。以 LISST-200X 为例，其测量的粒径范围为 $1 \sim 500\ \mu m$，采样频率可达 1 Hz。

6.5.2 操作步骤

采用 LISST 进行现场泥沙监测方法简单，操作方便，只需将仪器放入规定的测量位置，即可实现对泥沙要素（含沙量与颗粒级配）的实时连续监测。也可将其固定在选定的位置，以实现实时连续的泥沙在线监测。其基本测量步骤如下：①设备唤醒；②背景文件采集；③设备配置/加载程序；④开始程序运行和设备运行；⑤回收设备；⑥下载文件，获取测量数据。

6.5.3 方法差异

虽然 LISST 操作方便，能够实现实时监测且精度较高，但从 LISST 与传统泥沙测验方法的比较中不难发现，两者在原理和表现上存在较大差异，因此，在实际应用中以下几个方面应予以注意。

（1）传统方法测定含沙量时，先采用积时式或非积时式泥沙测验器进行泥沙采样，然后对采集的样品进行烘干称重，由干沙重除以相应样品的体积即可得到含沙量。LISST 则是采用激光在泥沙水样中传播时衍射衰减的原理来测定泥沙的浓度，测量结果为瞬时值，然后根据泥沙的密度换算为含沙量（取多组数据的平均值）。

（2）传统沉降等效粒径法测定泥沙颗粒级配时，由泥沙颗粒的沉速计算其等效粒径，颗粒级配的测定结果用重量百分比表示。而 LISST 则是根据泥沙颗粒对光线的衍射，采用几何法确定等容粒径，颗粒级配的测定结果用体积百分比表示。

（3）在泥沙颗粒级配方面，传统方法采用重量法表示，而 LISST 则采用体积法来表示，由于两种结果表现形式存在质的不同，其颗粒级配曲线必然存在一定差异。

（4）由于未考虑泥沙样品密度的变化，LISST 与传统方法相比存在一定的误差。在含沙量的测定方面，LISST 测定的是泥沙的浓度，然后根据泥沙密度换算为含沙量。但各地区自然地理环境不同，泥沙密度也存在一定差异，这使得 LISST 的通用性受到了一定限制。

6.6 粒度激光全息照相仪

河口或海岸环境中的细颗粒黏性泥沙，受区域物理、化学和生物性质的影响极易发生絮凝过程，因此，絮凝被认为是近岸海洋环境中影响粒子粒径、沉速及沉积速率最重要的因素。絮凝是粒子在湍流剪切作用下，由聚并和破坏引起的生长和消亡的联合过程的体现。20 世纪 90 年代初，随着原位观测技术的出现，如水下摄像与现场激光粒度仪，才使絮团的直接观测成为可能。

LISST-Holo（图 6-6）采用数字同轴全息照相（digital in-line holography）获得水中悬浮粒子图像，全息照相的方法可侦测到 4 μm～50 mm 长的采样体。同轴全息照相只能可视单个颗粒的轮廓，这些颗粒是容易破碎的絮团、浮游生物或其他物质。同轴是指激光束通过水体直接在成像传感器（如 CCD）上成像（区别于 LISST-100/200 的原理），因此生成的图像实际是无散射的激光与颗粒引起的散射光的交叠。这种交叠会产生干涉条纹，因此，图像（即全息照片）看起来像一个个的同心环（concentric rings）或其他模糊形状。全息照片以无压缩的图像文件（pgm 格式）储存。

采用 LISST-Holo 进行现场泥沙粒径的观测方式类似于 LISST-200X，可将仪器进行剖面投放，或将其固定在选定的位置，实现实时连续的粒径测量。基本测量步骤如下：①通过磁性开关，设备唤醒；②通过 WI-FI 与仪器建立通讯连接，采集背景文件；③设置采样参数；④开始设备运行，收集全息照片；⑤回收设备，下载照片；⑥批量处理全息照片，获取测量数据。

图 6-6　粒度激光全息照相仪

河口或海岸区的悬浮颗粒物由不同的组分，如矿物质、有机质、盐分、微量元素、小型浮游生物等组成，在湍流作用下这些颗粒物多以絮凝（聚并或解凝）态形式存在，其粒径分布（particle size distributions，PSDs）则经常呈现出以对数正态分布为基本形态的相互叠合的多峰结构。在一个潮周期内，随着湍流剪切强度变化，絮团的粒径可以从数个 μm 变化至数 mm，LISST-200X 对小于 500 μm 的粒径分布信息具有较好的捕捉能力，而对大于 500 μm 的粒径就无能为力了，LISST-Holo 则对大粒径有较好的响应，包括浮游生物等（图 6-7），但其对水体浓度范围有严格的要求，过大的水体浓度则无法显示清晰的全息相片及进行后处理，测量时增加光短缩短器可在一定程度上提高仪器的浓度适应范围。

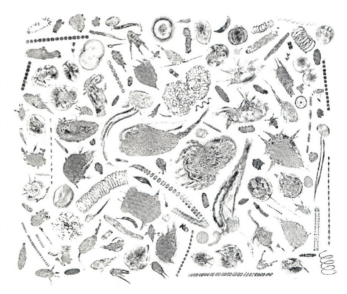

图 6-7　LISST-Holo 的颗粒多样性全息照片

6.7 声学后向散射泥沙反演

近年来,由于海洋物理技术与理论的发展,一批技术成熟、操作方便的且具有高时空分辨率的自容式水下测量仪器开始应用于基础研究与工程问题。其中,水下声学和光学散射仪器的发展,更是推进了波-流耦合复杂条件下的小尺度动力-泥沙过程的深入研究。虽然现在光学仪器在物理测量中比声学仪器应用更普遍,但声学仪器无扰动,高分辨率剖面测量的优点,展示出无限的前景。声学后向散射仪(acoustic backscattering, ABS,图6-8)的原理是声学信号在水体传播过程中,遇到非透射体(或不同介质,如悬浮泥沙)时,声波信号会向入射方向发生散射,根据入射信号与接收到的散射信号之间的关系则可以实现水动力与悬浮泥沙属性参数的测量,如流速、雷诺应力、泥沙颗粒浓度、粒径、泥沙通量等多个参数。

图6-8 声学后向散射仪

相对于传统测量方法,ABS测量的优势在于:不破坏湍流和内波结构的自然状态下,高精度非侵入性地(non-intrusive)同时完成剖面悬沙粒径、悬沙浓度、流速及海底地形四位一体的测量,这将为近底层发生的诸多重要动力沉积过程(如底部泥沙的起动、沉降、再悬浮,流速剖面结构,地貌多尺度特征)提供高质量的分析资料,从而为发现并回答新的科学问题起到至关重要的作用。

6.7.1 声学泥沙反演原理

海洋声学技术是泥沙浓度测量的重要手段,较早的多普勒流速剖面仪(ADCP)主要提供分米级的空间精度的平均流速剖面,近年出现的两种较新的测量方法,交叉相干

（CCVP）与脉冲相干法（CDVP）则可提供无论是时间还是空间分辨上都更高的流速剖面测量，它们的成功应用都是有效利用了声学后向散射信号，同时，这些声学后向散射信号中还包含了水体悬浮体浓度、水体分界面等大量有用的信息，如何充分利用这些信息，为河口重要事件与过程的研究提供更加丰富的资料，将是未来发展的一个新方向。

声学后向散射信号的解译原理如下：水体中单颗粒泥沙经声透射后，入射压力与散射压力 P_s 有下面的关系：

$$P_s = \frac{\alpha_s f P_i}{2r_1} e^{i[wt-r_1(k-i\alpha_w)]} \tag{6-4}$$

式中，P_i 为泥沙颗粒的入射压力，r_1 为距离颗粒的量程，α_s 为等效粒径半径，f 为描述颗粒散射特性的形态函数，w，k 分别指的是水中声波的角频率和波数，α_w 为由于水的吸收引起的散射信号衰减。其中：

$$P_i = \frac{P_0 r_0}{r_2} D e^{i[wt-r_2(k-i\alpha_w)]} \tag{6-5}$$

P_0 为定义在 $r_0=1$ m 的参考压力，r_2 为距离传感器的量程，D 是传感器的指向性函数（directivity function）。后向散射采用单基构架，即同一传感器兼具发射和接收功能，即收发合置模式。

将 P_i 表达式代入 P_s 表达式，可得

$$P = \frac{\alpha_s f P_0 r_0}{2r_2} D^2 e^{i[wt-2r(k-i\alpha_w)]} \tag{6-6}$$

假定散射信号非相干，即后向散射相位是自由和均匀的分布，则散射单元体 δv 的散射信号均方差 δP_{ms} 可写成 $\delta P_{ms} = N \langle PP^* \rangle \delta v$。$P^*$ 为 P 的共轭复数，$\langle\ \rangle$ 表示大量散射信号平均，N 为每个散射单元体中含有的颗粒数。假定传感器为圆活塞形态，则散射单元体 δv 可由极坐标形式表示为 $\delta v = r^2 \sin\theta d\theta d\phi dr$，因此压力的均方根 δP_{rms} 可以由下面的式子表示出来：

$$P_{rms} = P_0 r_0 \langle f \rangle \left\{ \frac{3M}{16\pi \langle \alpha_s \rangle \rho_s} \right\} \left\{ \int_{r-\tau c/4}^{r+\tau c/4} \int_0^{\pi/2} \int_0^{2\pi} \frac{e^{-4\alpha r}}{r^2} D^4(\theta) \sin\theta d\theta d\phi dr \right\}^{1/2} \tag{6-7}$$

在此式中，透射体的衰减为一相对小量，指数项可移到积分符外，则上述积分部分可表达为：

$$\int_0^{\pi/2} d\phi = 2\pi$$

$$\int_{r-\tau c/4}^{r+\tau c/4} \frac{1}{r^2} dr = \frac{\tau c}{2r^2}, \tau c \ll r$$

$$\int_0^{\pi/2} D^4(\theta) \sin\theta d\theta = \left\{ \frac{0.96}{k\alpha_t} \right\}^2, k\alpha_t \geq 10 \tag{6-8}$$

式中，N 与物质浓度 M 有如下关系：

$$M = \frac{4}{3} \pi \langle \alpha_s^3 \rangle \rho_s N \tag{6-9}$$

ρ_s 是悬浮颗粒的密度，$\alpha = a_s + a_w$，a_s 为由于悬浮泥沙的吸收引起的散射信号衰减。τc 为脉冲长度，τ 为脉冲时间，c 为水中的声速。传感器记录的电压信号 V_{rms} 有如下关

系：$V_{rms} = RT_V P_{rms}$，T_V 是系统的电压传递函数（voltage transfer function），R 是传感器接收灵敏度。由此物质浓度的正演关系可表示为

$$V_{rms} = \frac{k_s k_t}{\psi r} M^{1/2} e^{2r\alpha} \quad (6-10)$$

因此，剖面浓度的反演公式可表示为

$$M = \left\{\frac{V_{rms} \psi r}{k_s k_t}\right\}^2 e^{4r\alpha} \quad (6-11)$$

式中，k_s 为泥沙形态函数，k_t 为系统常数或与粒径相关的变化函数，其中：

$$k_s = \frac{\langle f \rangle}{\sqrt{\langle \alpha_s \rangle \rho_s}}$$

$$k_t = RT_V P_0 r_0 \frac{3\tau c^{1/2}}{16} \frac{0.96}{ka_t}$$

$$\langle f \rangle = \left\{\frac{\langle \alpha_s \rangle \langle \alpha_s^2 f^2 \rangle}{\langle \alpha_s^3 \rangle}\right\}^{1/2} \quad (6-12)$$

式中，a_t 是收发传感器半径，$\langle \rangle$ 指的是粒径分布上的平均算子。合理解译后的声学后向散射信号，含有丰富的剖面悬沙粒径与浓度信息，若将其与流速测量相结合，则可以开展更完整的水-沙过程与动力结构之间的相互作用分析。

6.7.2 非黏性泥沙理论与应用

非黏性无机泥沙环境下的声散射理论与属性反演方法已十分成熟，非黏性泥沙声学观测的发展主要包括以下方面：

（1）不规则形状沙粒的声散射属性的描述。泥沙的声学散射一开始遇到的基础问题是如何看待水体中的悬浮泥沙。非黏性无机颗粒可将其视作不规则固体球（solid sphere），声散射的基本理论及规则固体球的散射特征函数（f_{ss}, χ_{ss}，分别为散射体的形态函数和散射横截面）早在20世纪50年代就已清楚，因此，随后的发展就聚焦在如何合理描述不规则形状的非黏性泥沙的散射属性上（f_i, χ_i）。实验表明，当散射体参数 $x \gg 1$ 时（$x = ka_0$，k 为声波波数，a_0 为粒径），散射符合几何机制（geometric regime）；而 $x \ll 1$ 时，散射符合瑞利机制，散射体在这两种机制下的散射特征函数可基于大量的实验数据拟合出来。在自然水体中，散射体并非均匀分布，其粒径的概率密度一般可以描述成正态、对数或双正态函数，进而利用积分方法将本征散射特征（f_i and χ_i, intrinsic scattering）转换成集合散射均值（f_i, χ_i, ensemble mean scattering），即可在实际观测中获得良好的应用效果。

（2）从散射信号中提取泥沙属性的反演方法。基于多频散射信号可以提取出悬浮泥沙的浓度、粒径以及河床高程的时间序列，这些参数是研究小尺度泥沙输移的重要资料。变换声学反演方程，通过隐式迭代或显式直接求解的方法即可获得泥沙属性。隐式迭代因迭代收敛要求，在垂向分层与观测剖面较多的情况下计算可能需花费相对较多的时间；显式方法则快速简单，但需现场采样，获得某空间点的已知浓度与粒径，标定反演参数。

由此可知，无论是声散射理论，还是属性反演方法，非黏性泥沙的多频声学观测已

取得了显著的进展。尽管如此，我们认为非黏性泥沙的声学反演在下列两个方面仍有进步的空间：一是声散射信号的质量控制，在自然水体中获得的声散射信号，比实验室受到的污染更严重，信号的污染主要源于系统误差、随机波动及外界声源干扰，Thorne 等在 2014 年的敏感性试验表明，污染信号可能对反演的真实结果有重要的影响；二是自然水体中悬浮泥沙粒径的概率分布可能更加复杂，不是简单的正态或对数正态等单峰函数所能反映的。因此，结合其他观测与实验，提取真实的粒径概率密度分布函数也是有研究意义的。

6.7.3 黏性泥沙理论与应用

黏性泥沙属性的反演在国际上也是处于刚刚起步的阶段，其原因在于黏性泥沙特有的复杂的絮凝过程，让学者们难以描述其声散射属性。絮团的构建颗粒可以高达 10^6 之众，其粒径也可在 4 个数量级上变化，从 1 μm 的黏土粒径到若干 mm 的大絮团，因此，黏性絮凝颗粒在今天仍然是泥沙研究面临的巨大挑战，与其有关的声散射理论的发展也极其困难，进展甚微。与非黏性泥沙对应，黏性泥沙可将其视作流体球（fluid sphere），其散射特征（f_{fs}, χ_{fs}）也早在 20 世纪 50 年代就被提出。声波遭遇固体球与流体球后，散射表现出不同的形式。规则流体球在水体中受声波激发运动后，呈现出高频共振振荡（high resonance oscillations），而实际的絮团是不规则形状的，不规则流体球因其形状的非对称性，共振运动被剧烈弱化。

从理论上讲，借鉴非黏性泥沙的研究思路，也可从实验数据拟合出一套刻画黏性絮团散射特征的函数（f_{fs}, χ_{fs}）。事实上，Thorne and MacDonald 等在 2013 年已做了类似的尝试，但仍遇到了极大的困难。黏性泥沙的声学反演面临的挑战主要体现在下面几个方面：①设计稳定的控制性实验，获取一系列絮凝泥沙在不同条件下（不同粒径与密度）的实验数据，在实验过程中，保持絮凝泥沙属性稳定至关重要。②声波在絮团内传播的速度 c_w 目前还无法测量；若假定絮团为具有均匀密度与压缩比的各向同性流体，则 c_w 可用 Wood（1930）的方法解决，然而这种假定毕竟与实际的各向异性的絮团有较大的出入。③自然水体中的絮团受变化的湍流环境影响，在时间与空间上其属性均不断变化，如何刻画这种变化也是一个问题。

使用多个频率和反演方法理论上可获得粒径分布，但由于该方法本身还太复杂，在复杂的粒径组成环境中并未达到实用阶段。在工程实用条件下，通常认为粒径谱是单峰的，并可通过采样分析得出其分布。另外，声散射可能由颗粒产生，也可能由水体中的气泡产生。理论上也可测量气泡的浓度，但这方面的工作还非常复杂，很不完善。因此使用声散射测量泥沙属性需回避气泡密集区，如通常会将声学换能器置于离水面 3 m 以下。对于破波带，使用声学方法观测流和泥沙属性是一个挑战，因为大量气泡可能在波浪破碎过程中进入水体，强烈干扰声学观测。

第七章 波浪观测

波浪是海水运动的基本形式之一，是水质点周期振动引起的水面起伏现象。当水体受外力作用时水质点离开平衡位置往复运动，并向一定方向传播，这种运动被称为波动。

海洋里的波动可根据其不同的性质以及特点进行分类：按水深与波长之比可分为短波和长波；按波形的传播分为行波和驻波；按波动发生的位置分为表面波、内波和边缘波；按成因分为风浪、涌浪、地震波和潮波等。波浪是物理海洋学测量的重要水文要素，也是海洋预报、防灾减灾、海洋工程和航海安全等领域关注的基本参数。

7.1 波浪基本要素

7.1.1 波浪的基本要素

波浪主要由波高、周期、波长三要素组成，若用简谐波公式来表示波面，则有

$$\xi = a\cos(kx - wt) \tag{7-1}$$

式中，$(kx - wt)$ 表示幅角，k 为波数，w 为圆频率（$w = 2\pi f$，f 为频率），a 为振幅。

两个相邻的波峰（或波谷）之间的水平距离称为波长（λ，$\lambda = 2\pi/k$）；两个相邻波峰（或波谷）相继越过一固定点所经历的时间称为周期（T），波面离开水面的最大铅直距离称为振幅（a）；振幅 a 的 2 倍称为波高 H，即波峰到相邻波谷的铅直距离；波峰或波谷在单位时间内的水平位移，称为波速（c，$c = \lambda/T$）。以上为常见的基本波浪要素。另外，还有两个鲜见的波浪要素：波陡和波龄。

波陡（$\delta = H/\lambda$），表示波形的陡峭程度，为波高 H 和波长 λ 之比。实际海浪的观测表明，它不会超过 1/7（也为理论所证实）。当超过一定波陡以后，波浪就发生破碎。波龄（$\beta = c/v$），表示波浪发展程度的量，为波速和风速之比。观测表明，在风速一定情况下，波浪发生初期，波速较小，而随着波浪的成长，波速逐渐增大。所以，一般涌浪是波龄较大的波浪。

实际海浪不像简谐波那样整齐对称，而是十分复杂的。图 7-1 是在固定点利用波浪自记仪纪录到的波面高度随时间演变的曲线。C_1 是上跨零点 A_1 与下跨零点 B_1 间的一个显著波峰，G_1 是下跨零点 B_1 和上跨零点 A_2 间的一个显著波谷。C_1 和 G_1 间的铅直距离即为波高，而极值点之间（如 m_1 与 m_3）的铅直距离不能取作波高。

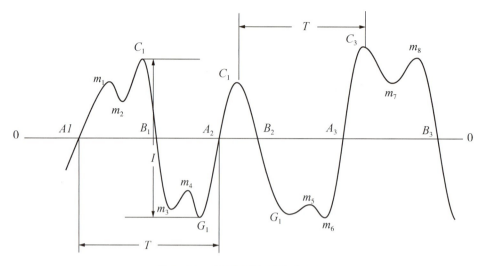

图 7-1 波面随时间的变化曲线

7.1.2 波浪的统计特征

从连续记录中量出波高后，取所有波高的平均值称为平均波高，以 $\overline{H}$ 表示，即

$$\overline{H} = \frac{1}{n}(H_1 + H_2 + \cdots + H_n) = \frac{1}{n}\sum_{i=1}^{n} H_i \qquad (7-2)$$

在海上固定点连续观测到一系列的波高及周期，先后出现的数值是杂乱无章的。但是，将波高或周期依大小的次序排列并加以统计整理以后，所得的结果表明，它们遵从一定的分布规律。将最高的 p 个波的波高计算平均值，称为该 p 部分大波波高。例如观测 1000 个波，最高的前 10 个、100 个和 333 个波的平均值，分别以符号 $H_{1/100}$、$H_{1/10}$ 和 $H_{1/3}$ 表示。部分大波平均波高反映出海浪的显著部分或特别显著部分的状态。

习惯上将 $H_{1/3}$ 称为有效波高。此概念最初由 Munk 在 1944 年提出，并说明它约等于有经验的观测者所估算的平均波高，其周期接近于 10～15 个连续显著波的平均周期。如统计波数取为 100 个波，则 $H_{1/3}$ 近似等于第 13 个波的波高，即 $H_{1/3} = H_{13\%}$。

平均波高 $\overline{H}$，与 $H_{1/10}$ 和 $H_{1/3}$ 的换算关系分别为

$$H_{1/10} = K_{1/10}\overline{H}$$
$$H_{1/3} = K_{1/3}\overline{H} \qquad (7-3)$$

式中，$K_{1/10}$，$K_{1/3}$ 为波高间的换算系数，它们与水深 d 有关，波高换算系数与水深的关系见表 7-1。

表 7-1 波高换算系数与水深的关系

$\overline{H}/d$	0.0	0.1	0.2	0.3	0.4	0.5
$K_{1/10}$	2.03	1.93	1.81	1.69	1.58	1.47
$K_{1/3}$	1.60	1.54	1.48	1.43	1.37	1.30

其中，当 $\bar{H}/d$ 值接近 0 时，属深水区；当 $\bar{H}/d$ 值大于 0 且小于 0.5 时，属浅水过渡区；当 $\bar{H}/d$ 值接近于 0.5 时，属波浪破碎带。将表中 $\bar{H}/d$ 各值对应的 $K_{1/10}$、$K_{1/3}$ 代入式 (7-3)，可分别得出深水区、浅水过渡区域、波浪破碎带的平均波高与 1/10 部分大波波高、1/3 部分大波波高之间的换算关系式。

波高大的波，它的周期未必是大的，即两者大小次序并不完全对应。要求出对应于 $\bar{H}_F$ 的平均周期 $\bar{T}_F$，可按以下方法进行计算。

首先将周期值依对应的波高大小次序排列，即波高大的波的周期排在前面（其中波高相同的波可依周期大小的次序排列），而不依周期本身大小的次序排列。

计算出各种累积率（对于 N 次观测记录，如果设大于或等于某波高 H_i 的出现次数为 n，则累积出现频率 $F=n/N$，通常以百分数来表示）的平均波高所对应的平均周期。如取 $F=1/3$，则得有效波高所对应的周期，即有效周期为

$$\bar{T}_{1/3} = \frac{3}{n} \sum_{i=1}^{n/3} T_i \tag{7-4}$$

从理论上计算各种平均波高所对应的平均周期是有困难的。在实际应用上，多采用经验方法。例如，从实际观测资料统计可得有效周期和平均周期的关系为

$$\bar{T}_{1/3} = 1.15\bar{T}$$
$$\bar{T}_{1/10} = 1.14\bar{T}_{1/3}$$
$$\bar{T}_{1/10} = 1.31\bar{T} \tag{7-5}$$

7.1.3 周期、波长与波速

一个波的波长 L 和波速 C 与周期 T 间的关系为

$$C = \sqrt{\frac{gT}{2\pi} = \tanh\left(\frac{2\pi d}{L}\right)}$$
$$L = \frac{gT^2}{2\pi} = \tanh\left(\frac{2\pi d}{L}\right) \tag{7-6}$$

式中，d 为水深，g 为重力加速度。

重力波按其传播海域的水深，亦即按相对水深 $d/L=1/2$（即水深 d 为波长 L 的 1/2）为界，区分为深水波与浅水波（后者包括过渡区海域的波浪），当 $d/L>1/2$ 时，波浪特征实际上与水深 d 无关，称为深水波；当 $d/L<1/2$ 时，波浪特征受到水深 d 与波长 L 的影响，称为浅水波；又可分为过渡区（d/L 介于 $1/2 \sim 1/25$）与浅水区（$d/L<1/25$），浅水区的波浪可作长周期波（通常称为长波或长浪）处理，即当波浪传入该水域（$d/L<1/25$）后，波速仅与水深 d 有关。当水深 d 大于或等于半波长（$L/2$）时，也即为深水波时，式（7-6）分别变成

$$L = L_0 = \frac{gT^2}{2\pi}$$
$$C_0 = \frac{L_0}{T} \tag{7-7}$$

当长度和时间的单位分别用米（m），秒（s）表示时，取 $g=9.8 \text{ m}\cdot\text{s}^{-2}$，则式（7-7）简化为

$$L_0 = 1.56T^2$$
$$C_0 = 1.56T \qquad\qquad (7-8)$$

式中，L_0 深水波长，C_0 为深水波速。

7.1.4 波向和波峰线

波浪传来的方向，称为波向。在空间的波系中，垂直于波向的波峰连线叫作波峰线。

波峰线是垂直于波浪传播方向的线。在浅水中，波峰线的确定是自深处某一已知的波峰线开始，于此线上取点为圆心，以各点所在处的深度对应的波速乘周期为半径，于波浪传播方向作多数圆弧。此等圆弧的包线，即为一周期后波峰线所在位置，从这新波峰线出发，重复上述方法，即得一系列的波峰线。作线垂直波峰线得波向线，故波峰线绘制法也是浅水海浪折射图制作的一种方法。波峰线的分布，表征了近岸波动的传播特征。

7.2 观测对象与内容

海洋表面发生的各种各样的波动按其时间尺度来说，可以从十分之几秒的短周期到几天、几个月甚至几年的长周期波动；从水平尺度来说，可以从几厘米的波长到几千米的波长；从波动的恢复力来说，可以是表面张力、重力、科氏力等。本书讨论的波浪是指周期为几秒至几十秒的由风传输给海面能量引起的波动现象，包括风浪和涌浪。

由当地风引起且直到观测时仍处于风力作用下的海面波浪称为风浪，风浪通常是由周期和波长较小而波陡较大的波浪组成，其外貌杂乱无章，波峰较短，且有明显的三维波性质，属不规则波，也称随机波或强制波，亦即扰动力继续作用于其上的波浪。它的成长取决于风速、风区和风时。风区，指速度、方向基本恒定的风，在一定时间内所历经的海区长度。风时，指速度、方向基本不变的风所吹的时间。

风浪离开风的作用区域后，在风力甚小或无风水域中依靠惯性维持的波浪统称为涌浪。涌浪的形态很像自由波，亦即不再受形成其扰动力的影响；其外形比较规则，波面平缓、光滑且对称，周期大于原来风浪的周期，且随传播距离的增加而逐渐增大，波峰较长，二维波性质明显，接近于规则波。此外，在风的作用下的水域内，由于风力显著降低而使原来产生的风浪处于消衰状态也可形成涌。

在广阔的海洋或近海海域上，风浪和涌浪常同时存在，叠加而形成混合浪。风浪和涌在浅海传播时，由于地形的影响，在海岸与岛屿附近常出现折射、绕射、反射、卷倒或破碎现象，且在传播过程中其波向、波速、波形以及其他性质都在不断发生着变化。从观测海区以外传来的涌浪，它的衰减取决于原风区的风浪尺度和传播距离（即风区下沿到观测区的距离）。观测海区内本身形成的涌浪，它的衰减主要取决于原风浪的尺度和风力急剧减弱后的时间。

7.3 波浪观测

波浪观测手段多种多样，按照测量方法可以分为人工观测法、仪器测量法和遥感反演法。人工观测法可分为人工目测法和光学测波仪观测法；仪器测量法可分为测杆测波法、压力式测波法、声学式测波法、重力式测波法和激光式测波法；遥感反演法可分为雷达测波、卫星测波和摄影照相测波，或是分为X波段雷达测波、高频地波雷达测波、合成孔径雷达测波、卫星高度计测波和摄影照相测波等。

7.3.1 人工测波

人工观测波浪是最为传统的波浪观测技术，采用秒表、望远镜等辅助器材，几乎全人工观测波浪要素。《海洋调查规范》和《海滨观测规范》中明确地规定了目测波高、波周期、波向和波形的方法。使用光学测波仪进行波浪观测实际上也是人工观测。光学测波仪主要由望远镜瞄准机构、俯仰微调机构、方位指示机构、调平机构和浮筒等组成。其原理是通过望远镜观测海上的浮筒，根据目镜上的刻度观测波浪特性。

人工波浪观测是20世纪波浪观测的主要手段之一。观测者经良好训练后获取的波浪数据具有较好可信度。但不管是纯人工目测波浪还是借助光学测波仪进行的波浪观测都受光照和恶劣天气影响，无法连续观测波浪。而且观测结果具有一定的主观性，存在一定的人为误差。随着海洋观测技术的发展，人工波浪测量将逐渐退出历史舞台，但人工观测仍可作为仪器测量的比对资料。

7.3.2 压力测波

压力式测波仪是依靠安装在海底的压力传感器记录波浪引起的动压变化，从而测量波高和波周期的一种仪器。较早使用的压力传感器主要是弹簧式或气囊式。目前主要使用测量准确度较高的压电传感器。国内应用较多的压力式测波仪是加拿大RBR公司生产的压力式波潮仪、美国InterOcean公司生产的浪潮仪和国产压力式波潮仪等。

表面波的作用随深度衰减，水层的过滤作用是非线性的且随频率而异。故如何准确地将水下测到的波压力变化换算为水面的波高或波谱是很困难的事情。压力式测波仪记录的转换以低阶浅水理论结果为基础，即在浅水波理论的基础方程推导中，一个重要的假定是认为质点在垂直方向的加速度对压强分布没有什么影响，也就是说压强分布完全服从流体静力学法则。不少研究者通过测量试验表明，当有效波高小于4 m时，对转换公式稍加订正即可获得较好的观测数据。但近40年除了一些经验系数的变化外尚无新的转换理论出现。

根据小振幅波理论，水面下 z 处压力随时间 t 的变化可以表示为

$$P(t) = \rho_w g a \frac{ch(k(d+z))}{ch(kd)} \cos(kx - wt) \tag{7-9}$$

式中，Z 轴向上为正，z 为测波仪传感器没水深度，波沿 X 正轴传播，k 为波数（等于 $2\pi/\lambda$，λ 为波长），w 为圆频率，a 为自由表面波振幅，ρ_w 为海水密度，d 为水深，g 为重力加速度，且 $w^2 = gkth(kd)$。

压力变化的振幅可表示为

$$\Delta P = \rho_w ga \frac{ch(k(d+z))}{ch(kd)} \qquad (7-10)$$

实验及海上观测表明，压力的衰减较上式要快，故欲自式（7-9）由实测压力转换为表面振幅，需在左侧乘以因子 n，于是由式（7-10）可得

$$a = n\frac{\Delta P}{\rho_w g}\frac{ch(k(d+z))}{ch(kd)} \qquad (7-11)$$

式（7-11）即为压力式测波仪记录换算波高的公式。在应用中，须先知道订正系数 n。从当前的研究成果来看，n 值在 1.0～1.52 范围内。

压力式测波仪安装在水下或海底，避免了海面大风浪对观测系统的破坏（图 7-2）。可全天候、全天时连续观测，但常用于浅水区，一般只进行波高和波周期的观测，无法进行波向观测。并且受海水滤波作用的影响，波动压力沿水深衰减严重，不能准确地测量周期短、波高小的波浪数据，压力转换依赖订正系数 n。很多厂家给出的波高测量准确度都是在特定条件下测得的，或是只给出压力测量准确度，而不给出波高测量的准确度。要使压力式测波仪在测量中取得较好效果，在水运工程采用压力式测波技术时，传感器的入水深度要不大于工程需量测的最小波周期对应波长的 1/3；生产厂家建议传感器安装的位置是水下 5～15 m。

图 7-2　RBR 潮波自记仪

7.3.3　声学测波

声学测波仪可以分为水下声学测波仪（坐底式）和水上声学测波仪（气介式），其原理相同，都是利用回声测距原理进行波浪观测。水下声学测波仪与压力式传感器和声学多普勒海流计相结合的技术是目前波浪观测中水下测波法中较为先进和常用的一种方式，如挪威 Nortek 公司生产的 AWAC（acoustic wave and current）坐底式 ADCP 和美国 TRDI 公司生产的声学多普勒海流剖面/波浪测量仪，即是利用此种方法进行精确测量波浪的一种设备，可获得波浪频率谱和波浪方向谱（图 7-3）。

坐底式声学测波仪安装在水下或海底，避免了海面大风浪对观测系统的破坏，具有测量准确度高、操作简单的特点。但气候和波况恶劣时仪器在水汽交界处因受浪花和气泡的干扰，测量破碎波的准确度受到较大影响。坐底式声学测波仪的工作水深一般为 1.5～5.0 m。单一的坐底式声学测波仪仅能输出波高和波周期特征参数，而集成声学

1 MHz　　　　　　　　400 KHz　　　　　　　　600 KHz

图 7 – 3　Nortek 公司生产的不同频率的浪龙（AWAC）

测波、声学多普勒测流和压力测波功能于一体的声学多普勒海流剖面/波浪测量仪能够输出波浪频谱和波向谱等参数。

气介式声学测波仪一般安装在海岸和固定平台上，需要探出一定距离以远离岸壁和障碍物。其测量准确度一般，但相对于坐底式声学测波仪更易安装、操作和维护，可实时分析数据。一般只能输出波高和波周期特征参数，波浪破碎而产生的飞溅以及雨会对测量准确度造成较大的影响。

7.3.4　重力式测波

重力式波浪观测仪器主要是指放置在水面随波上下起伏的浮标。根据安装的传感器不同可简单划分为重力加速度测波浮标和 GPS 测波浮标。典型的有荷兰 Datawell 公司生产的波浪骑士（图 7 – 4）和加拿大 AXYS 公司生产的测波浮标。

图 7 – 4　荷兰 Datawell 公司生产的波浪骑士 MkIII

重力加速度测波浮标测量原理是通过安装在浮标内部的加度传感器或重力传感器随着海面变化采集运动参数，进而计算出波浪特征参数。该测波仪具有测量准确度高、操作简单、易于维护、通信方式灵活等优点，可长期连续观测，还可以通过加载卫星定位和报警系统提高其安全性。但也存在一些不足之处：通过锚系固定的浮标在强流和大风的影响下容易造成走锚或是浮标被压入水下，使用弹力锚系或是多段锚系与小浮球结合的方式也会影响浮标在海面的起伏运动，从而影响测量准确度；恶劣海况发生时可能会导致锚系断裂、设备丢失；在特定波浪作用下浮标可能发生共振，降低波浪数据的质量；容易被过往的船只干扰和碰撞；内部的罗盘等传感器容易受到金属壳体的干扰。

GPS 测波浮标测量原理是通过 GPS 接收机测量载波相位变化率而测定 GPS 信号的多普勒频偏，从而计算出 GPS 接收机的运动速度。GPS 测波浮标除了具有波浪浮标本身的缺陷外，在海浪较高时还存在信号不稳定、无法接收足够多卫星信号的缺点，而且获取的数据容易被窃取。

另外在船只左右两舷各安装一个加速度计和一个压力传感器进行波浪测量的方法也属于重力式波浪观测的一种，可称为船载重力测波法、船舷测波法或船载波浪测量法。船载重力测波法只需按要求对船只进行简单改装即可实现波浪观测，可以随时测量大洋的波浪，但须在停船或是航速不超过 2 kn 时使用。长波测量效果较好，但是短波测量存在一定误差；而且需要在船上布置一些小孔进行波浪测量。这对船只安全有较大影响。

7.3.5 遥感反演测波

7.3.5.1 雷达式测波

雷达测波的基本工作原理是：雷达发射机通过天线向空间某一方向辐射电磁波，遇到目标物后发生反射，该反射回波被接收处理，从而能够提取该物体的相关信息。主要可以分为 X 波段雷达、高频地波雷达和合成孔径雷达。

X 波段雷达一般分为岸基和船基雷达，不仅可用于监视海上移动目标，而且也可以用来进行海浪和海流的测量。其原理是当 X 波段雷达波入射到海面时，那些与雷达波长相当的、由风引起的毛细波会产生布拉格散射，同时又被较长的重力波调制，形成雷达回波。X 波段雷达工作频率一般为 8.20～12.50 GHz。主要由一台标准的 X 波段雷达、一台模拟数码转换设备、一台计算机和存储设备以及一套相应的数据处理软件组成。X 波段雷达不管是岸基式还是船载式都可以有效获取附近几海里范围内的波浪信息。相对于其他形式的雷达安装较简单，但有效波高测量的准确度较差。

高频地波雷达也可分为岸基和船基雷达，工作频率一般为 3～30 MHz，高频地波雷达系统由 4 个分系统组成：发射系统、接收系统、信号处理系统以及辅助系统。测量范围较广，最大探测距离在 15～400 km。配置窄波束雷达相控阵式天线的地波雷达具有测量海洋要素多、测量准确度较高、空间分辨率较高的特点，但是需要庞大的相控阵天线和较高的发射功率，占地面积较大，移动十分困难，雷达站造价较高，而且相控阵天线容易受到台风等恶劣天气的破坏。配置宽波束雷达单元鞭状天线的地波雷达具有移动性好、管理方便等的特点，但其角度分辨率和测量准确度却差于窄波束雷达。

合成孔径雷达（synthetic aperture radar，SAR）可以搭载在卫星或航天器等平台上进行观测，是一种高分辨率的脉冲-多普勒成像雷达，属主动式微波成像雷达，其分辨率为几米到几十米的数量级。SAR 具有观测全球波浪方向谱的潜力，可提供波浪形态信息。然而，SAR 图像推导波浪信息较为复杂，应用区域有限，测量准确度较差。

7.3.5.2　卫星高度计测波

卫星高度计是利用卫星遥感技术来测量海面高度、有效波高和海面风速等基本参数。我国发射的 HY-2 海洋卫星装有雷达高度计、微波辐射计和微波散射计，能够实时监测海面高度、风速、浪场等环境参数。

卫星高度计测波技术完全不同于传统的测量技术，它具有覆盖面积大、测量历时长、观测要素多的特点，有的还有全天候测量的能力。利用卫星遥感技术来研究海洋气象、海洋环境生态、海洋表面动力成为国际上一种基本手段。但亦存在卫星轨道较高和重复周期较长所导致的空间分辨率低、测量准确度低、时间频度低等缺点。

7.3.5.3　摄影照相测波

摄影照相测波有航空摄影测波法和激光照相测波法等，是利用光学多普勒原理进行照相扫面再进行分析，目前其应用还较少。国内还有使用安装在岸边或平台的定时或实时照相设备进行台风、风暴潮等灾害气象监控的方法，但主要是用于防灾减灾。一般只能做定性分析，还无法对波浪的特征进行常规观测。

7.4　内波观测

海洋内波是指在海水稳定层化的海洋中产生的最大振幅出现在海洋内部的波动。它的最大振幅出现在海面以下，频率局限于惯性频率 f 与浮性频率 N 之间，振幅一般为几米至几十米。频率较高的内波，其恢复力主要是重力与浮力之差，频率较低时则主要是地转惯性力。由于实际海水密度的层间变化很小（跃层上下的相对密度差也仅约为 0.1%），因此，只要很小的扰动就会在海洋内部产生"轩然大波"。内波具有很强的随机性，其波长和周期分布在很宽的范围内，一般分别为近百米至几十千米，几分钟至几十小时。内波对海洋工程、海洋军事和海洋科学都具有重要意义，内波产生的强剪切流会影响海上建筑、潜艇，改变声波在水中的传播特性。

7.4.1　锚系观测

锚系仪器阵列是一种广泛采用的内波观测方式，它通过系留在一组锚系装置上的多架自记仪器来获取海水物理量的地理空间分布和时间序列，从中分析出海洋内波等的运动规律。

在陆架海海域，从安全的角度，锚系仪器阵列通常以潜标方式布放在海面以下。根据观测的需要和可能，锚系上可系留多种观测仪器，如温度计、温度链、电导率计、压强计、海流计，它们具有快速采样并自记的功能。在理想的情况下，在一个锚系装置上布设多层仪器，仪器应覆盖整个研究水层，记录下所需要的各种物理量。由于海水物理量在垂向上不是均匀分布的，因而通常仪器沿深度方向不是等间隔布置的，在跃层等物理量变化剧烈的水层应布设得密集些，在物理量变化缓慢的水层可以稀疏些，这样可用尽可能少的仪器获取尽可能多的信息。另外，为了获取内波传播的水平变化特性，可以在调查海区呈直线、三角形，或四边形布放多个锚系。

1978 年，Muller 等通过测流计和温度传感器所测得的数据验证了 GM 谱在深海的正确性，同时也得到改进后的内波谱 Lwex 谱。潜标测量能给出内波的局部信息，但难于跟踪内波的传播、演变过程，且费用昂贵，这些困难长期以来制约着海洋内波的研究。

调查方案应根据实际可能的情况来设计，在没有锚系设备时，或不便采用锚系设备时，也可采用海洋调查船（在近岸通常采用费用低廉的小吨位渔船）定点连续观测来获取海洋内波资料。需要注意的是，资料质量会受船体起伏的影响。

7.4.2 拖曳观测

拖曳观测的观测方式如下，将测量仪器（可包括温度、电导率、压强等物理量的自容式或电缆传输式仪器）安装在流线型拖体中，拖体没入水中，并与船上的电缆或系缆相连，或直接采用拖曳式 CTD，调查船以低航速匀速行驶，拖体上的仪器连续采样，获得物理量的时间序列。拖体可以是一个或两个，若是两个，可将它们保持在同一深度，前后相隔一段距离；或将它们分别置于不同深度，彼此保持一定的水平和垂向距离。在观测过程中，拖体可保持在一稳定深度，使航迹呈一水平直线；也可改变拖体升降翼的角度，使之在某一深度范围内沿一波状或锯齿状轨迹运动，即在向前运动的同时还做上下运动。

7.4.3 中性浮子观测

锚系仪器的资料含有大中尺度平流成分，它不仅会使内波观测资料受多普勒迁移的影响，而且会因内波与大中尺度运动之间的非线性相互作用而增加资料分析的难度，为了避免这些影响，发展了中性浮子观测技术。

中性浮子方式是采用一种沉入水中的、浮力与重力平衡的浮子系统进行内波观测，中性浮子系统随某一确定的等密度位置的移动而上下移动，同时记录等密度面的时间起伏数据和仪器所处位置的 CTD 数据。以 Cairns 的中性浮子为例，它由一个耐压水下容器及下连一段几十米至几百米长的电缆组成，为使电缆绷直，在电缆下端用声学释放器与一重物相连。在电缆上，每隔一段距离安装一个传感器，容器中装有压力传感器和与各传感器相连的信号接收器、记录磁带或其他类型的存储器、电源、声信号接收器等。观测时将全套装置的密度调节到与所需观测的水层的海水密度一致，并将其置于需观测的水层位置。启动观测仪器，这时装置一方面随海流在水平方向漂移，同时随内波上下起伏，并感应和记录下传感器所在位置的各种物理量。

7.4.4 水下滑翔机观测

水下滑翔机的出现为内波速度等要素观测提供了实用有效的手段。Merckelbach 等通过建立水下滑翔机稳定航行时垂向受力平衡求解海流的垂向速度；同样的原理，Frajkawiliams 等通过建立水下滑翔机稳定航行时轴向受力平衡求解海流的垂向速度。Rudnick 等通过 Frajkawiliams 等的方法，实验得到了吕宋海峡内波垂向速度特征。水下滑翔机采用拉格朗日法观测内波时，即水下滑翔机随内波运动，保证水下滑翔机在遭遇内波后其姿态可控，并且具有较强的随流运动能力，这样就可以得到内波的空间三维结构。

拉格朗日法是描述流体运动的两种方法之一，质点跟随流体运动，记录质点的物理量随时间的变化规律，再以质点运动过程构建流体运动。水下滑翔机中性悬停在水层中，在跟随内波运动过程中将其视为质点，由水下滑翔机运动轨迹和运动学模型来表征内波的运动特征和流体速度。水下滑翔机在航行前需要搭载深度计、三轴加速度计以及温盐传感器，为观测内波提供数据支撑。水下滑翔机的内波观测步骤：

（1）预先测量。水下滑翔机提前就位观测，需要观测区域的海洋要素的垂直分布结构。因此由遥感卫星确定观测区域后，甲板单元控制水下滑翔机航行至目标区域，并先做 2～3 个剖面观测以获得该区域温盐数据，分析海水分层结构，获得跃层的海洋要素特征，为水下滑翔机中性体精确调节控制提供数据支持。

（2）下潜至目标深度，并设置参考点。在获得海水分层结构后，通过计算获得在跃层梯度最大处保持中性体悬停所需浮力来确定水下滑翔机的排油量。在正式的测量过程中，可以适当增大水下滑翔机的滑翔角以实现快速下潜。实时监控内置的深度计获取当前运动状态，当深度计测量结果在固定时间内结果小于一定值，我们就认定水下滑翔机进入指定区域，并以此位置为参考点，开始测量。

（3）跃层梯度最大处水平悬停。水下滑翔机到达跃层梯度最大处后，控制重心，使其浮心和重心在同一纵截面上，实现水平悬停，做到最大化无滑脱随流运动。在悬停期间，由加速度计和深度计监控其垂向运动，当垂向位移偏移过大时，开启液压泵调节浮力，校正位置。

（4）上浮重新定位。水下滑翔机以 1 个月为周期，每 2 天上浮一次，传输数据、接收指令，同时重新定位。如果水下滑翔机因为海流的作用而偏离目标区域，可以重新寻址，返回目标区域。至此，对目标区域的一个周期观测结束，随后安排后续的观测任务。

7.4.5　声学观测

声信号在海水中传播遇到颗粒物和密度变化的水层会发生反射或散射。内波的声学观测方式有两种，一种是基于声层析技术观测内波，由于内波的存在导致声传播信号有规律起伏，信号起伏的某些特征与内波的特征密切相关，因此可以利用声场起伏特征来反演内波的特征信息。另一种是直接采用声波的回声散射信号反演内波，温度或密度层结的水体对高频声信号的散射作用显著，回声探测声呐，如 ADCP、Echosounder 等可以探测到层结水体的内波传播过程（图 7-5）。

7.4.6　遥感观测

在浅强跃层处的内波在跃层上方产生的波流，其水平分量垂直于波峰线，而且一个

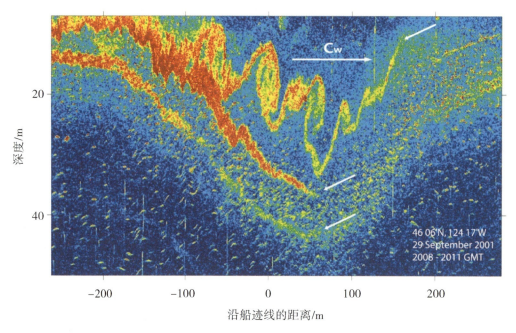

图 7-5 内孤立波传播的 Echosounder 图像

波长内流向改变 180°，于是，在流向相向处和相背处分别形成表面辐聚和辐散带，这种由内波引起的在海表显示的流动图案容易被遥感传感器捕获。

当表面存在短波长涟漪时，这些涟漪在辐聚带内波长减小，表面显得粗糙；波长增大，表面则显得光滑。光滑表面色亮，粗糙表面色暗。当表面有油污或细碎漂浮物时，它们会聚集在辐聚带内，使辐聚带变得更暗。于是，在海面上呈现出与内波波峰线平行的或明或暗的条纹。

早在 20 世纪 40 年代，人们就注意到某些海区经常会出现相间分布的暗色窄条与明亮宽带，先是从调查船、海洋观测平台或飞机上拍下了这一现象的可见光照片，继之从卫星上拍下了这样的图片。合成孔径雷达（SAR）则可以获得更加清晰的图像（图 7-6），且不受夜晚和云雾的影响。由于内波对海表面微尺度波分布调制，SAR 通过微波与海表面微尺度波相互作用而成像，所以利用 SAR 图像可以直接获取内波的波长、波包间距、平均相速度、平均群速度等参数以及其空间分布，还能够反演出内波振幅和混合层深度。这种方法的缺陷是只能观测到存在于跃层处的强内波，如以孤立子形式出现的潮成内波等。对于发生在较深处的更普遍的内波现象的观测，卫星遥感技术尚无能为力，而且受海面状况的制约。

第七章 波浪观测

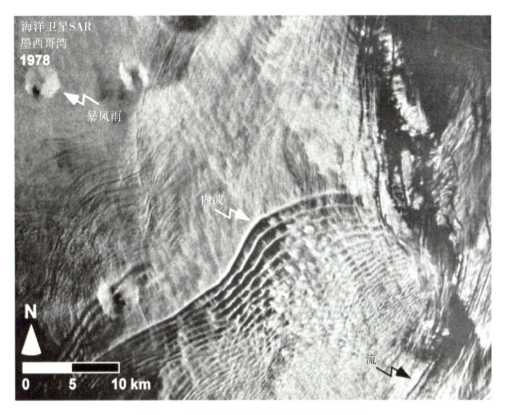

图7-6 墨西哥湾内孤的海洋卫星SAR图像

第八章 潮 位 观 测

水体的自由表面距离固定基准点的高度统称为水位。海洋中的水体受天体引潮力作用，发生垂直方向的涨落，称为潮汐，潮汐水位的上下变化即潮位。潮位变化包括在天体引潮力作用下发生的周期性的垂直涨落，以及风、气压、大陆径流等因素所引起的非周期变化，故潮位站观测到的水位是以上各种因素综合作用的结果。

近岸海洋区域是人类聚居与生产活动十分频繁的地带，而这里潮汐现象显著，它直接或间接地影响着人们的生产和生活。例如，沿海地区盐田排灌，海滩围垦，水产的捕捞和养殖，航海，筑港，以至于利用潮汐能发电等，无不与潮汐现象有着密切的关系。

8.1 潮位观测中的基本知识

8.1.1 基本概念

潮汐现象是指海水在天体（主要是月球和太阳）引潮力作用下所产生的周期性运动，习惯上把海面垂直方向涨落称为潮汐，而海水在水平方向的流动称为潮流。潮汐是沿海地区海水运动的一种自然现象。潮汐的涨落是以一定时间周期周而复始地出现，其本质是一种长周期波动，当波峰传来时便出现高潮，波谷传来时便出现低潮。潮位上涨到最高位置称为高潮，其高度（一般指由基准面起算）为高潮高。潮位下降到最低位置称为低潮，其高度为低潮高。从低潮到高潮的这段时间内，海平面的上涨过程称为涨潮。海水的上涨一直到高潮时刻为止，这时海平面在一个较短时间内处于不涨不落的平衡状态，称为平潮，平潮的中间时刻取为高潮时。从高潮到低潮的这段时间内，海平面的下落过程称为落潮。当海平面下落到最低位置时，海平面也有一短暂的时间处于平衡状态，称为停潮，停潮的中间时刻取为低潮时。相邻的高潮与低潮的潮位高度差称为潮差（图 8–1）。

8.1.2 验潮站站址的选择

潮汐的变化规律与地球、月球的视运动有着密切的关系。然而，地–月的视运动所引起的潮汐的变化又因地而异（即不同的地点因地形、气象等因素的影响，其潮汐的变化是不同的）。因此，在进行潮位测量以前，首先要对验潮站的站址进行选择。

验潮站，也称潮位站，是记录海面潮位升降变化的观测站。为了解某海域海水面涨

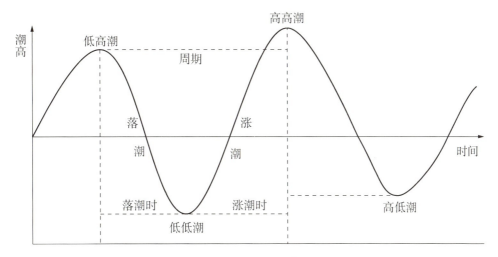

图 8-1 潮汐要素

落的情况和潮汐的性质，通常选定既能反映潮汐性质，又不受风浪和河流影响的地方，设置自记验潮仪、验潮水尺或用回声测深仪记录海面水位的升降变化。观测海面潮位变化的目的，主要是用于确定平均海平面的位置、理论深度基准面以及研究潮汐变化规律、水深测量和进行潮汐预报。

一般来说，验潮站站址的选择应遵循如下条件：①验潮站的潮汐情况在本海区必须具有代表性，这是选择验潮站的首要条件。②选择风浪较小、来往船只较少的地方，这样有利于提高观测的准确度，也能避免水尺被风浪刮倒或被船只撞倒，给工作带来不便。若海区内有岛屿，一般选在岛屿的背面避风处。③选择在海滩坡度大的地方，使水尺位置便于由岸上进行观测。如果海滩坡度很小，海水在滩涂涨落距离很远。为了观测潮位之升降，就需要立十几根水尺，甚至数十根水尺才能进行潮汐观测，这样很不方便。若在这样的地点设站时，可以另想办法。④应尽量利用现有码头、防波堤、栈桥等海上建筑物作为观测点，而且应避开冲刷、淤积、崩坍等使海岸变形迅速的地方。

8.1.3 海平面变化

海平面是测量陆地上人工建筑物和自然物（如山高）高程的一个起算面，这个起算面也叫作基准面。以某观测点处略低于历年最低水位为零点，称为观测站基准面。以滨海某地多年平均海平面为零点则称为绝对基准面。我国以胶州湾内青岛验潮站于1950—1956年观测计算的黄海多年海平面为零点，作为全国大地高程测量起算的基准面。假设没有外力作用，静止的海洋表面将与旋转地球椭球体的等势面一致，该等势面称为"大地水准面"。

由于潮位是以海面与固定基面的高程表示的，因此，在选定观测站之后，就要确定该测站潮位观测的起算面（测站基面）。水文资料中常提到的测站基面有绝对基面、假定基面、冻结基面、海图深度基准面等。

绝对基面：一般是以某一测站的多年平均海平面作为高程的零点，此海平面又叫绝对基面，如青岛零点（基面）、吴淞零点（基面）、大沽零点（基面）、珠江零点（基面)、废黄河口零点(基面)、坎门零点(基面)、罗星塔零点(基面)等。若以这类零点作为测站基面,则该测站的水位值就是相对绝对基面的高程。

假定基面:某测站附近没有国家水准点(如海岛或偏僻的地方),测站的高程无法与国家某一水准点连接时,可自行假定一个测站基面,这种基面称为假定基面。

冻结基面:由于原测站基面的变动,以后使用的基面与原测站基面不相同,故原测站基面需要冻结下来,不再使用,即为冻结基面。冻结下来的基面可保持历史资料的连续性。

验潮零点:又叫水尺零点,是记录潮高的起算面,其上为正值,其下为负值。一般来讲,验潮零点所在的面称为"潮高基准面",该面通常相当于当地的最低低潮面。

深度基准面:是海图水深的起算面。海图深度基准面一般确定在最低潮面附近,它与每天低潮面的高度是不同的。若深度基准面定得过高,那么将有许多天的低潮面在深度基准面的下面,这样会出现实际水深小于海图上所标出的水深,造成船只航行、停泊时发生触礁或搁浅等现象。若深度基准面定得过低,则海图上的水深小于实际水深,使本来可以航行的海区不敢航行。因此,深度基准面要定得合理,不宜过高或过低。目前,我国采用的是"理论深度基准面"作为海图上的深度基准面,即以本站多年潮位资料算出理论上可能的最低水深作为深度基面,这样便于利用海图计算实际水深。

在确定某测站的平均海平面之后,以它作为起算面,然后通过测量求出平均海平面与永久水准点的关系,再确定理论最高潮面和实际最高潮面、理论最低潮面和实际最低潮面与平均海平面的关系,最后找出该站本身的水位零点、深度基准面与黄海平均海平面的关系等。

8.1.4 水准联测

要进行验潮,首先要解决水尺零点的高程问题。如果水尺零点不与国家水准网(基面)联测,不求出水尺零点相对国家的标准高程网(国家的标准基面)中(如黄海基面、吴淞基面、珠江基面)的高度,那么,这个零点就没有什么意义。在潮位观测结束后,这些资料将很难使用。

在水位观测过程中,如果由于某种原因,水尺的位置发生了变化,要想恢复原来的零点,也必须要与岸上水准点联测才能确定。所以,在潮位观测中,水准联测是不可缺少的工作。在联测之后,我们才能够把水尺零点、水尺旁边临时水准点、岸上固定水准点与国家标准基面之间的高度关系求出。这样,就能保证我们水位观测获得统一的观测资料。这就是水准联测的目的所在。

所谓水准联测,就是用水准测量的方法,测出水尺零点相对国家标准基面中的高程,从而固定了水位零点、平均海面及深度基准面的相互关系,也就保证了潮位资料的统一性。

8.2 潮位的水尺观测

临时观测站一般是利用水尺观测潮位，没有自记水位仪的观测站，也采用水尺进行观测。目前，利用水尺观测潮位还是普遍可取的一种方法。

8.2.1 观测与记录

水位观测一般于整点每小时观测一次。在高、低潮前后半小时内，每隔 10 min 观测一次。在水位变化不正常的情况下，要继续按 10 min 间隔观测直至正常为止。观测的水尺读数，所用水尺的号码应当随时记在验潮手簿内，切不可心记或记在零碎纸头上再填入手簿，这样容易造成差错。若遇下雨，可记在临时手簿上，事后立即记入正式手簿。

在读取水尺读数时，应尽可能使视线接近水面；在有波浪时，应抓紧时机；在小浪时，连续读取三个波峰和三个波谷通过水尺时的读数，并取其平均值作为水尺读数。

进行水尺组观测时，必须掌握时机，选择两支相邻水尺同时进行观测。若发现两支水尺的观测结果不符，应及时检查原因，进行复读或校测水尺零点高程，并根据复读或校测结果订正记录。每次观测的水位，应为两支水尺观测结果的平均值。如果确认某根水尺观测不准时，可选用一根水尺的读数作为正式记录。

如果水面偶尔落在水尺零点以下时，应读取水尺零点到水面距离的数值，并在前加一负号。

为了保证水位观测的准确度，工作用的钟表应每天校对，校对的结果记载于验潮手簿的备注栏内。

潮位观测是认识海区的潮汐变化规律所必不可少的。从事潮位观测的人员，必须实事求是地对待水位观测工作，保证记录的真实性和观测的不中断；禁止把猜想或推测的资料记入手簿，以免给工作造成损失。

在水尺设立之后，即应对水尺进行编号，如果观测水尺由于船只碰撞或被大风刮倒，需另设水尺，在水尺零点的位置有变动的情况下也需要重新编号。观测水位时，按观测时间与记录手簿的要求，以水尺编号的顺序进行观测，而后进行水位计算工作。

8.2.2 水位换算

一般验潮站都有两根以上的水尺，因此必须将不同水尺的观测资料换算至同一水位零点上。水位零点一般取离岸最远那根水尺零点下 1 m 左右（图 8-2）。水准标志在 Ⅰ号水尺零点上 6.35 m，则可将水位零点定在水准标志下 7.00 m 处。这样，Ⅰ号水尺零点在水位零点上 0.65 m，Ⅱ号水的零点在水位零点上 2.45 m。然后，将不同水尺的观测资料统一换算到水位零点上，并根据这个资料绘出每天水位曲线，以便检查水位观测的质量。

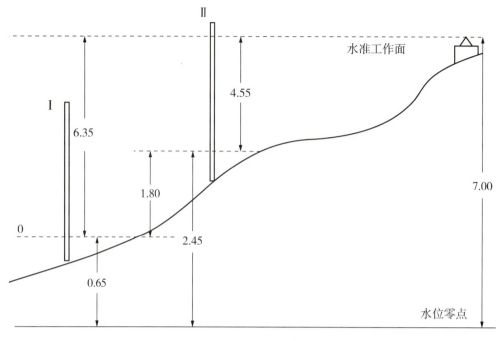

图 8-2 水位换算

假如水尺被损坏，而在一两个小时之内又不能立即恢复的情况下，或者海面高于最高的水尺，或者海面低于最低的一根水尺而无法进行观测时，处置方法如下：①在岸边刻上海面所在的位置，并记上时间，待适当时刻进行测量，求出此时海面在水位零点上的高度。②也可以准备几条 1 m 左右的用木板和小竹片制成的小水尺，一旦水尺被毁或原有水尺不够用，可将小水尺插入海底以保证进行连续的观测。小水尺必须与另一根水尺有一段重叠带，以便进行水位换算。小水尺不能长久地代替大水尺，必须抓紧时间设立新水尺。③也可以用水准仪直接求得水准点与某时潮面的高差，再经过水位换算求出潮面在水位零点上的高度。

8.3 自动验潮仪

8.3.1 压力验潮

水位记录仪（water level recorder，WLR）是为记录海洋潮位而特别设计的，通常放置于海底，在规定时间间隔内，测量并记录压力、温度和盐度（电导率），然后根据这些数据计算出水位的变化。

以挪威安德拉公司的验潮仪（图 8-3a）为例，仪器由一个高准确度的压力传感器、电子线路板数据存储单元、电源、圆柱形压力桶组成。仪器测量是由一精密的时钟控制的。它一开始是对压力测量进行40 s时间的积分,这样可以滤除波浪产生的水面起伏,积分完成,数据记录下来。第一组数是仪器电子线路板内元件对WLR的检测指示,紧跟着的是温度值,再后的两个十进制值是压力,再后面的十进制值是电导率。

数据存储在存储单元中,同时存入第一次测量的时间和每天零点以后的第一次测量时间的序列。数据同时以声学方式(频率为16.384 kHz)发射,利用水声接收器3079可监测声信号。

在外海,水位测量中大气压力变化的影响很小。由于空气压力引起对应的海面升降,在测量中的变化应当予以补偿。

原始数据需经特定的转换才能化为工程单位所需的数据。WLR7的工作水深有60 m和270 m,深海型的WLR8最大工作水深为690 m和4190 m。它们的准确度为满量程的±0.01%。

WLR性能稳定、抗干扰能力强,最大记录时间为91 d和364 d(存储单元、电池型号不同),因而特别适合于采集海洋工程设计所需的短期水位资料。

随着海洋技术的发展,目前的自记式潮位仪技术已十分成熟,应用普遍,代表性的产品也较多,如前述的英国AANDERAA WLR、英国的MIDAS WLR(图8-3)及加拿大RBR XR-420 Paro及TGR系列等。

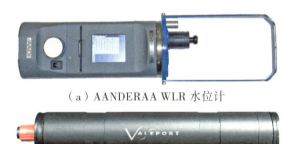

(a) AANDERAA WLR 水位计

(b) MIDAS WLR 水位计

图8-3　自记式水位计

8.3.2　声学水位计

声学水位计适用于无验潮井场合的潮位观测,为港口调度、导航及港口建设随时提供现场数据,也可用于沿海台站的常规长期潮位观测及水库、湖泊和内河的水位自动测量。声学水位计包括超声波水位计和雷达水位计,它们的工作原理类似。

超声波水位计的测量原理:发射超声脉冲,接触水面后,反射回原超声波接收器,因声波在空气中的传播速度已知,其与气压、温度及空气密度相关,由发射与接收信号的时间差可计算出来回的距离,此结果的一半,即为超声波式潮位仪与水面的瞬时距离,可转换得知水面的高程。

雷达水位计属于声学水位计的一种,其主要利用雷达回波测距原理进行液位测量。

在具体的测量过程中，其喇叭状或杆（缆）式天线向被测液面发射微波，微波传播到与自己所在的传播空间上不同相对介电常数的物质分界面时产生反射，并被天线所接收。发射波与接收回波的时间差，同水面到天线的距离成正比。通过测量传播时间差即可计算得到被测液位面与雷达的相对距离，进一步进行标定便可得到液位信息。

声学水位计是采用声管传输声信号，应用空气声学回声测距原理进行水位变化测量的。它可以显示并打印实时潮时、潮位值和日平均潮位值，并且可以自动判别、打印日高潮、日低潮的潮时及潮位值。通过远距离信号传输技术将数据送至分显示器（有线传输 1.5 km，有线载波传输 10 km，无线传输视电台功率而定）。

8.4 遥感观测

传统验潮站观测全球海面高度变化存在一定的缺陷：验潮站所处的陆地本身存在垂直运动，其分布多集中于北半球的陆海边缘，大部分深海区无法观测，这些因素导致利用验潮站观测全球海平面变化存在一定的困难。海洋卫星高度计提供了充分的空间覆盖的深水大洋海平面测高数据，以其较高的测量精度，良好的覆盖能力，可以弥补验潮站的上述缺陷。

卫星高度计的出现引发了潮汐观测的技术革命，于 1992 年 9 月 23 日发射升空的 TOPEX/Poseidon 卫星（T/P 卫星或 TOPEX 卫星）是由美国和法国联合研制的，利用两组最新雷达测高系统（NASA 制造的双频测高仪和 CNES 制造的单频测高仪）测量海平面高度，并利用此资料来研究全球海洋环流，研究全球气候变化。T/P 卫星测量海面高度的综合精度达到 5 cm 左右，是监测海面高度变化的高精度测高卫星。T/P 卫星因故障于 2005 年 10 月 9 日停止了运行，作为它的后续卫星，Jason-I 测高卫星于 2001 年 12 月 7 日发射，主要目标是以不低于 T/P 的精度水平来测定全球的海面地形。

卫星测高仪是一种星载的微波雷达，通过测定微波从卫星到地球海洋表面再反射回来所经过的时间来确定卫星至海面星下点的高度，然后根据已知的卫星轨道和各项改正来确定海面的大地高度。卫星测高的原理决定了测距过程中必须穿过大气层，难免会受到对流层和电离层的影响。又由于雷达微波有发散的特性，星下点是波迹半径为 3~5 km 的圆的平均，这样必然会受到海面潮汐和风浪的影响，因此，需要进行海洋潮汐、固体潮、极潮和海况改正；此外，大气压的变化也引起海面变化，需要进行逆气压改正。

由此海面高 h 的表达式为

$$h = h_{sat} - h_\rho - (\Delta h_{dry} + \Delta h_{wet} + \Delta h_{iono} + \Delta h_{ot} + \Delta h_{set} + \Delta h_{pt} + \Delta h_{seb} + \Delta h_{ib}) \quad (8-1)$$

其中，h_{sat} 为卫星相对参考椭球的高度，h_ρ 为卫星到瞬时海面的观测距离，Δh_{dry} 为对流层干分量改正，Δh_{wet} 为对流层湿分量改正，Δh_{iono} 为电离层改正，Δh_{ot} 为海洋潮汐改正，Δh_{set} 为固体潮改正，Δh_{pt} 为极潮改正，Δh_{seb} 为海况改正，Δh_{ib} 为逆气压改正。

50 年来全球验潮站的数据统计研究表明，全球海平面上升速度达到了年均 1~

4 mm，并有加速趋势。TOPEX/POSEIDON 计划和 Jason-I 计划推动了全球平均海平面观测能力的发展，高精度高度计为建立精度≤1 mm/a 的全球海平面观测系统提供了可能。科学家们也注意到了可能存在着一些观测误差，要对绝对海平面进行权威测量，需要长期、连续的高度计观测和科学的仪器校准。

第九章 样品采集

9.1 水样采集

海水样品的采集是海洋调查与监测中非常重要的环节,它为科学分析提供了样品,是采样分析的关键环节之一。随着海洋调查、监测和科学研究的需要和技术与材料科学的进步,采水器具也在不断地改进,出现了能满足不同需要的多种采水器,较为常用的采水器为 PVC 材质,进样口大,冲洗方便,完全不含金属。

悬浮体水样一般采用横式采水器、颠倒采水器或新发展起来的自动定深采水器,采水层次根据水深或调查要求确定。

9.1.1 颠倒采水器

颠倒采水器是由一个具有活门的采水桶构成,在上下活门的两端装有平行杠杆,通过连接杆将平行杆连接在一起,使上下活门可以同时启闭,通过仪器下端的固定夹杆和上端的释放器及穿索切口把颠倒采水器固定在直径不大于 5 mm 的钢丝绳上。

当投下使锤,击中释放器的撞击开关,挡钩张开,仪器上端离开钢丝绳,整个仪器以固定点为中心,旋转180°。这时,通过连接杆使上下活门自动关闭。当连接杆移动过圆锥体的金属片之后,上下活门自动关闭。

当仪器上端离开钢丝绳的同时,使锤继续沿钢丝绳下落,击中固定夹体上的小杠杆,使锤在钢丝钩上的第二个击锤又沿着钢丝绳下落,击中下一个采水器的撞击开关,使下一个采水器也自动颠倒、采水。附在采水器上的温度计架用插销固定在采水桶上,温度计可以放在该架中,通过调节螺丝固定之。图 9-1 即为颠倒采水器的工作示意。

9.1.2 自动采水器

从海洋环境中取得有代表性和有效性的样品,是海洋监测分析的重要环节之一。海洋环境污染监测、化学调查及生物采样都需要现场采集水样,即从目标水域采集水样,现场瓶装,然后再在现场或陆地实验室中用相应仪器设备进行分析。与后续的分析和测定步骤相比,现场取样过程的缜密程度和取样工具的精确程度均不及后期分析测定,因此样品分析测定的总误差往往受来自现场取样产生的误差影响。所以完善和发展现场海水取样技术,也是海洋科学研究中的重要环节。

自动采水器可以分为单通道采水器和多通道采水器(图 9-2),工作原理类似。多通道自动采水器主要由采水瓶、电控系统、电磁释放单元、高精度压力传感器和配套软

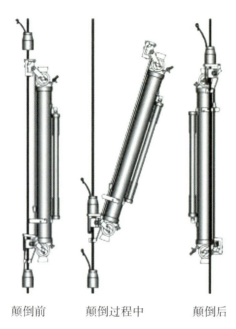

颠倒前　　　颠倒过程中　　　颠倒后

图9-1　颠倒采水器的工作过程示意

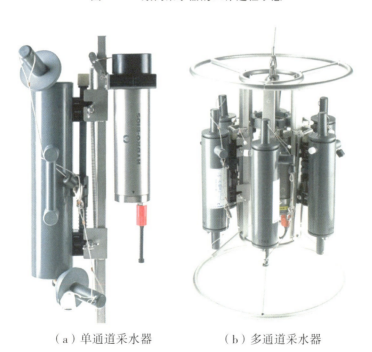

（a）单通道采水器　　　（b）多通道采水器

图9-2　自动采水器

件组成，它可以自成一体单独在直读、自容两种模式下工作，也可以与CTD测量仪配套联用，可以保证CTD数据测量和采水同时进行。

采取直读工作模式时，水上机通过单芯铠装电缆供给采水器电源，并利用用户命令控制采水器工作。采水器根据用户命令进行采水，同时将采水信息通过单芯电缆传送到水上机。水上机与计算机连接,实现用户命令的发送和接收,完成采水的设置、释放和释放结果显示。

采取自容式的工作模式时,用户在实际采水前根据自己的工作需求预先设定好需要采水的深度,然后通过绞车将仪器投放入海水中,当采水器在投放过程中达到设定的深度就会自动发送指令打开相应采水瓶的释放钩,完成一个采水瓶的采水过程,随后进入待机状态,等待下一个采水信号,直至完成全部采水任务。

现在的采水器一般采取模块化设计思路,将上述几部分电路设计成独立的功能模块,各个模块间通过电缆或接插件相互连接,分模块具有自检功能。经过模块化设计的采水器电控系统可以方便准确地定位故障原因,便于各分模块的功能升级,降低了维护成本,增加了配置的灵活性。同时仪器在海上相对恶劣的环境下更加便于操作和使用,利于维修和更换。

在多通道自动采水器的构件中,电磁释放器和高精度压力传感器都是核心组件,电磁释放机构的设计应充分考虑不同容量采水瓶的互换性,并保证采水瓶自身的打开和关闭功能及释放钩的长时间反复工作的可靠性。电磁释放机构是由多套钛合金材料的释放钩组件构成,通过理论计算及橡胶垫的配合调整,保证采水瓶挂绳索直接通过释放钩的转轴中心,从而使释放钩的根部不受力,减少了根部的磨损,又经过橡胶垫的预压力弹起,使释放钩可靠地释放。压力传感器与单片机的通信通过外部水密接头实现连接。单片机不断接收压力传感器数据,与预设的深度值进行比较。为了准确获取所测深度的水样,对压力传感器的测量范围、测量准确度和可靠性都有较高要求。

9.1.3 沉积物捕集器

不同来源的细颗粒物质进入海岸与陆架海域后,在潮流、波浪、河口环流、陆架环流等水动力因素的共同作用下,频繁发生沉降、侵蚀、再沉降等物理行为过程和一系列的化学生物过程,最终在海岸与陆架地区沉积下来,形成了泥质沉积区。可以看出,陆源物质的沉积记录记载了自然环境变化和人类活动的信息,因此研究水体中的悬浮颗粒物质或地层沉积记录,对研究区域细颗粒物质的行为过程及沉积动力过程十分重要。

沉积物捕集器是为了收集水柱中自然沉降的颗粒物质而设计的。最初投入使用的是单一样品收集器,即每次只能采集一段时期内的单个样品。为了满足高精度研究工作的需要,自动化的沉积物捕集器被研制出来并得到广泛应用,从而实现了时间序列高分辨率样品的采集。目前科学研究中应用比较广泛的沉积物捕集器主要有 3 种,一种是沉降管为圆柱形的沉积物捕集器(图 9 - 3a),一种是沉降管为锥形的沉积物捕集器(图 9 - 3b),第三种则是前面两种交叉结合,与单一沉积物捕集器相似的沉积物捕集器。目前,应用最为广泛的一种沉积物捕集器是锥形沉积物捕集器,主要用于深海与极地生物地球化学研究。1983—2008 年,全球共有 436 组沉积物捕集器在 240 多个深海站位被投放使用,主要用于深海生物地球化学过程的研究。该类型设备的典型代表是 McLane 公司的 PARFLUX 系列沉积物捕集器(图 9 - 3b)。柱状沉积物捕集器由于其截面积较小,一般用于内陆架、河口、海湾环境,多用于开展沉积动力学和生物地球化学研究;目前该类型设备的典型代表是德国 HydroBios 公司生产的多通道沉积物捕集器(multi sediment trap，MST）。锥形－柱状沉积物捕集器早期应用于深海沉积物矿物及地球化学特征研究，后来增加时间标志物而用于海底峡谷事件沉积动力学观测研究。此外，在陆架及深海研究中，也有应用简易柱状 PVC 多管沉积物捕集器进行生物地球化学和沉积动力学研究。

（a）MST 柱状沉积物捕集器　　（b）PARFLUX 锥形沉积物捕集器

图 9-3　沉积物捕集器

9.2　浅表层沉积物采集

水域表层沉积物是水文、物理、化学、生物、地形、物源、地质构造乃至海平面变化等诸多因素，在沉积物形成过程中的综合体现，是地质学、环境学、海洋学等学科不可或缺的科学研究对象，广泛应用于水域生态环境评价、污染事故调查等实用领域。

底质表层沉积物样品一般采用蚌式（"抓斗式"）、箱式、多管式、自返式或拖网等采样方法。一般情况下选用操作简单的蚌式采样器，水深较深的大洋可采用自返式无缆采样器，对样品有特殊要求（如数量大、原状无扰动样品等）的调查可先用箱式采泥器，当底质为基岩、砾石或粗碎屑物质时，宜选用拖网，拖网采样应尽量增大网具的强度和绞车钢绳的负荷能力，以利于获取样品。

传统的采泥器一般有箱式采泥器、柱状采泥器、蚌式采泥器等（图 9-4），它采用比重较大的，如不锈钢、黄铜或嵌入铅块的不锈钢做原料，利用装置从水体表层向水体下的重力与浮力差，获得足够的冲量后，插入海床、河床或湖床下一定深度，之后通过"关门"机构将沉积物封闭在装置内，从而得到所需的沉积物样品。这一类型的采泥装置有 2 个明显的缺陷：一是在强海流区，装置垂直向下的冲量大部分会被海流带来的水平向冲量所抵消，当装置触底后，冲量不够，不能采集足够的样品量，甚至一无所获，采样效率较低；二是为了克服海流、地形等不利因素的制约，此类采泥装置不得不加大装置的自重以获得足够大的冲量，这样必须配套电动绞车等起重设备，加大了操作人员的工作强度与难度。

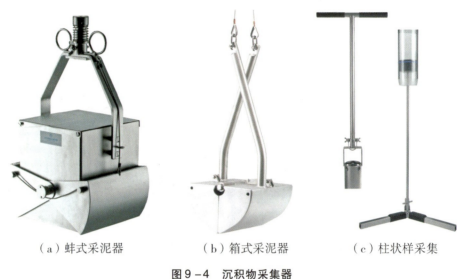

(a) 蚌式采泥器　　　　(b) 箱式采泥器　　　　(c) 柱状样采集

图 9-4　沉积物采集器

为了能提高采泥器的采泥效率，人们在原来的采泥器的基础上进行了改进，如丹麦 KC-Denmark 公司 HAPS 柱状采泥器（图 9-4a），在传统柱状采泥器的顶部增加了一个振动器，振动器工作时，采泥器会对床面形成一个向下的较大冲力，从而提升沉积物的采样率。

对于浅表层沉积物采样，所需采集的样品质量与其分析用途有关，一般不得少于 1000 g。若仅用作沉积物的粒度分析，且选择激光粒度分析仪时，样品可适当减少。

9.3　重力柱状样采集

在海洋沉积物调查、近海海底岩土工程勘察、海洋矿物调查、地球化学调查、物探底质验证调查、滨岸工程、地质填图、水坝淤积调查等领域，常常需要采用柱状采样。底质柱状采样通常采用重力取样器（图 9-5a）、重力活塞取样器（图 9-5b）、振动活塞取样器及浅钻等设备进行。重力取样器主要用于对海底的淤泥及软土取样，对于岩石类底质，无法使用。当底质为基岩或粗碎屑沉积物时，不建议采用柱状形式采样（图 9-4c）。

重力取样器依靠重锤的自然下垂获取样品。采样系统主要包括管头体、连接法兰、

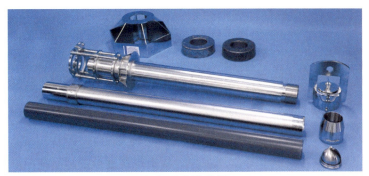

（a）重力取样器

（b）重力活塞取样器

图 9-5　柱状样采集器

取样管、样管连接器、杠杆、释放器、提管、刀口、重锤及附重锤和活塞或单向球阀门。取样管的长度根据沉积物类型而定，取样管下端安装带弹性花瓣的刀口（钻头），花瓣能阻挡样品的脱落。活塞安装在取样管下部贴近刀口处，活塞上的拉杆直接同绞车钢丝绳末端连接。取样管上端有一连接头，它一方面与提管的连接头对接，另一方面当活塞上行到连接头时，由于内孔直径小于活塞外径而使活塞在此停止，因此，活塞同时起到抽吸与提升取样管的作用。

柱状采样器采集的样品通常保存在衬管中，用专用密封盖分段封存，有利于原状样的保存及室内分析测试。柱状采样的样品应及时做好层次标记，上下次序不得颠倒，分割样品时，应注意断面和剖面上样品的完整，防止污染或损坏样品。

样品从海底采集至船甲板，应立即进行现场描述，观测并记录样品表面颜色及剖面颜色的变化、鉴别有无硫化氢或其他气味及强弱、量取样管插入海底的深度和实际采样长度以及分层厚度。

需要注意的是，重力取样器灌入海底时，随着深度的增加，摩擦力急剧增大，阻碍了样品继续钻入取样管内并造成样品被压实，这种现象称为"桩效应"。它常出现于小口径取样的情况下，这将导致取出的样品长度总是小于取样器的灌入深度。对于海底沉积物密度、沉积物声速特性等的调查，将会带来较大的误差。活塞取样器则可消除样品被非均匀压实的现象，使取出的样品长度几乎与灌入深度相等。

另外，几乎所有取样器都有的一个共同的弱点：样品自海底采集上来后，其所受压力、温度发生变化，其自身的物理特性，如孔隙率等也会发生相应的变化，则样品的原始状态会发生改变。因此最理想的测量方式是不改变样品物理状态的原位测量。

第十章 海洋气象观测

海洋气象观测分常规观测和非常规观测,常规观测是指按国际统一规定的时间和内容进行观测并发布天气报告,以商船气象观测数量最多,已积累了近百年的记录;非常规观测包括海洋调查、海上观测实验和其他非特约船只的观测。

20世纪60年代以来,随着气象和海洋卫星的发射并投入业务使用,人们可以在大气外层空间的不同高度上,对大气和海洋进行大范围的、均匀的实时观测,直接或间接地获取海洋上空各层的大气温度、湿度、风速、云雾、降水、海面温度,以及海面风速、海浪、海流、水位等各种要素的观测值,对海上台风等灾害性天气系统进行严密的监测,为研究海上的天气和天气系统及与其密切相关的海洋现象提供重要基础资料。

10.1 概　　述

10.1.1 观测目的

海面气象观测的目的是为天气预报和气象科学研究提供准确的情报和资料,同时,还要提供海洋水文等观测项目所需要的气象资料。因此,凡承担发送气象预报任务的调查舰船都要按照有关规定,准时编发天气预报。为了观测数据的可比性和精确性,气象观测要在观测场内通过各种仪器按规定的统一时间进行观测。

10.1.2 观测类型

气象观测指对一定范围内的气象状况及其变化的观察和测定。根据观测项目的特点,气象观测分为地面观测、高空探测和专业观测3种。

地面观测是用气象仪器测定近地面层(主要是离地面1.5 m以内)的气象要素值;用目力观察出现在自由大气中的云、光、电现象。观测项目有:云、能见度、天气现象、气压、空气温度和湿度、风、降水、雪深、日照、蒸发(小型)、地温(地面)等。本章所述海洋气象观测内容主要为地面观测。

高空探测是用气球、雷达、火箭、人造卫星携带仪器对自由大气及高空大气的温度、湿度、气压、风向风速、云等进行观测。

专业观测是用于某些特殊项目的观测,如大气成分、臭氧、辐射等的测量。

10.1.3　观测时间与频次

海洋气象观测指海洋调查中对海洋气象要素的观测。包括海面气象观测和高空气象观测。采用大面观测、断面观测、定时观测和定点连续观测等方式。

（1）担任气象观测的调查舰船（不论是走航还是定点观测），每日都要进行 4 次绘图天气观测。观测的时间是 2：00、8：00、14：00、20：00（为北京时间），观测项目为云、海面水平能见度、天气现象、海面空气温度和湿度、海面风、气压等。

（2）在连续站观测中，除四次绘图天气观测外，还要进行辅助绘图天气观测。在每日 2：00、5：00、8：00、11：00、14：00、17：00、20：00、23：00 观测云、海面水平能见度、天气现象，同时进行海面空气温度、湿度、海面风和气压的逐时观测或自动记录；每日 2：00、8：00、14：00、20：00 进行降水量观测；每日 8：00、20：00 进行高空气压、温度、湿度、风向、风速等气象探测。

（3）在大面观测中，一般是到站后即进行一次气象观测。如果到站时间是在绘图天气观测后（或前）半小时内，则不进行观测，可使用该次天气观测资料代替。

10.2　能见度观测

10.2.1　能见度的概念

能见度指视力正常的人能够从天空背景中看到和辨认出目标物（黑色，大小适度）的最大距离，单位为米或千米。夜间则是指由一定强度的灯光的能见距离所折算的相当于白天的能见度。气象观测中通常多指水平能见度，即水平方向上的有效能见度。有效能见度是指四周视野中一半以上的范围都能看到的最大水平距离。

在开阔的海域常以水平线的清晰程度来判定，在近岸则以辨清船舶、岛屿、山头等的最大距离来表示。

能见度的大小，主要由两个因素决定：①目标物与衬托它的背景之间的亮度差异。差异愈大（小），能见距离愈大（小）。但这种亮度差异通常变化不大。②大气透明度。观测者与目标物间的气层能减弱前述的亮度差异。大气透明度愈差（好），能见距离愈小（大）。所以能见度的变化主要取决于大气透明度的好坏，而雾、烟、沙尘、大雪、毛毛雨等天气现象可使大气浑浊，透明度变小。

10.2.2　能见度的观测

当舰船在开阔海区时，主要是根据水平线的清晰程度，参照表 10-1 对能见度等级进行估计。当水平线完全看不清楚时，则按经验进行估计。

当舰船在海岸附近时，首先应借助视野内的可以从海图上量出或用雷达测量出距离的单独目标物（如山脉、海角、灯塔等），估计向岸方面的能见度，然后，以水平线的清晰程度，进行向海方面的能见度估计。

表 10-1 海面能见度参照（能见度单位：km）

海天水平线清晰程度	眼高出海面≤7 m	眼高出海面>7 m
十分清晰	>50.0	—
清晰	20.0～50.0	>50.0
比较清晰	10.0～20.0	20.0～50.0
隐约可辨	4.0～10.0	10.0～20.0
完全看不清	<4.0	<10.0

（1）观测员站在能看清岸上目标物的高处，找出最远可见的目标物。

（2）从海图上量出或用雷达测量出船与目标物之间的距离，换算为能见度等级：目标物的颜色、细微部分清晰可辨时，能见度定为该目标物距离的 5 倍以上；目标物的颜色、细微部分隐约可辨时，能见度定为该目标物距离的 2.5～5 倍；目标物的颜色、细微部分很难辨认时，能见度定为大于该目标物的距离，但不应超过该目标物距离的 2.5 倍。

夜间，在月光较明亮的情况下，如能隐约地分辨出较大的目标物的轮廓，能见度定为该目标物的距离；如能清楚地分辨出较大的目标物的轮廓，能见度定为大于该目标物的距离；在无目标物或无月光的情况下，一般可根据天黑前的能见度情况及天气演变情况进行能见度估计。

10.3 云 的 观 测

云是悬浮在空中的小水滴或冰晶微粒，或两者混合组成的可见集合体。有时也包含一些较大的雨滴、冰粒或雪粒。其底部不接触地面，并有一定的厚度。云的形成和演变是大气运动过程的具体表现，是预示未来天气变化的重要征兆，借助云的观测，对正确判断大气运动状况，特别是对短期临近天气预报有重要意义。

10.3.1 云的分类

在目前的观测范围中，按照云底高度，云可分为低云、中云及高云三簇。各簇云的云底平均高度，可参考云种高度表（表 10-2）。

这三簇云中，因外形、结构和成因不同，又可划分为 10 属及 29 类云状。各属及主要云状的特征简介如下：

表 10 -2 云种高度

云　　种	寒　带	温　带	热　带
低云	自海平面到 2 km		
中云	2～4 km	2～7 km	2～8 km
高云	3～8 km	5～13 km	6～18 km

10.3.1.1　低云

低云包括积云 Cu、积雨云 Cb、层积云 Sc、层云 St 和雨层云 Ns 等 5 属。

积云又可细分为淡积云、浓积云、碎积云；积雨云又可细分为秃积雨云、鬃积雨云；层积云又可细分为透光、蔽光、积云性、堡状和荚状层积云。

低云多由水滴组成，厚的或垂直发展旺盛的低云则由水滴、过冷水滴、冰晶混合组成。云底高度一般在 2500 m 以下，但又随季节、天气条件及纬度的不同而变化。大部分低云都可能产生降水，雨层云常有连续性降水，积雨云多阵性降水，有时降水量很大。

10.3.1.2　中云

中云包括高层云 As 和高积云 Ac 两属。

高层云又可分为透光高层云和蔽光高层云；高积云又可细分为透光、蔽光、积云性、絮状、堡状和荚状高积云。

中云多由水滴、过冷水滴与冰晶混合组成，有的高积云也由单一的水滴组成。云底高度通常在 2500～5000 m。高层云常产生降水，薄的高积云一般无降水产生。

10.3.1.3　高云

高云包括卷云 Ci、卷层云 Cs 和卷积云 Cc 3 属 7 类。

卷云又细分为毛卷云、密卷云、钩卷云、伪卷云；卷层云又可分为薄幕卷层云、毛卷层云；卷积云则无细分类。

高云全部由细小冰晶组成。云底高度通常在 5000 m 以上。高云一般不产生降水，冬季北方的卷云、密卷云偶有降雪。

10.3.2　云状的判断

云状主要是根据上述云的外形、结构及成因并参照云图进行判断的。为使判断准确，观测应保持一定的连续性，注意观察云的发展过程。各种伴随的天气现象，也是识别云的一条线索。若能认识到天空具有某种特点（如大气稳定或不稳定）时，则个别的云就更容易判断。

10.3.3　云状的记法

（1）将观测到的各云状按云量多少用云状的国际简写依次记录。如果量相等，按高云、中云和低云的顺序记录。

（2）无云时，云状栏不填。因黑暗无法判断云状时，云状栏内记"—"。

（3）云量不到天空的 1/20 时，仍须记云状。

10.3.4 云量的估计

（1）云量的观测和记录。云量以天空被云遮蔽的成数表示，用十分法计。观测内容包括总云量和低云。

总云量记法：全天无云或有云但不到天空的 1/20，记"0"；云占全天的 1/10，记"1"；云占全天的 2/10，记"2"；依此类推。全天为云遮盖无缝隙，记"10"。

低云量记法：低云量即低云遮蔽天空的成数。估计方法与总云量相同。

（2）特殊情况下云量、云状的观测和记录。观测时有雾，天顶不可辨，总云量和低云量均记"10"，云状栏记"≡"；如天顶有可辨的雾，总云量和低云量也记"10"，云状栏记"≡"和可见云状；透过雾能看到天顶有云，并能判别云状，总云量、低云量和云状按正常方法记录。

10.4　天气现象观测

10.4.1　观测内容

天气现象是指在大气中、海面上及船体（或其他建筑物）上产生的或出现的降水、水汽凝结物（云除外）、冻结物、干质悬浮物和光、电现象，也包括一些风的特征。

10.4.2　观测和记录方法

（1）观测的天气现象以符号进行记录，其种类、各种天气现象的特征参见有关手册。在定时观测、大面观测和断面观测中，只观测和记录观测时出现的天气现象。在定点连续观测中，下列天气现象应观测和记录开始时间和终止时间（时、分）：雨、阵雨、阵雪、雨夹雪、阵性雨夹雪、霰、米雪、冰粒、冰雹、雾、雨凇、雾凇、吹雪、雪暴、龙卷、雷暴、飓风，出现时间不足 1 min，只观测和记录开始时间。

（2）在定点连续观测中，两次观测之间出现的天气现象按出现的顺序记入前一次观测的记录表中。需要观测和记录起止时间的天气现象，按下述规定记录：先记符号，后记起止时间。在几次定时观测中连续出现的天气现象，各定时记录表中应连续记录。例如，7：15 至 11：20 有雾，在雾的记录表中记"0715 –"，在 8 时的记录表中记"0800 –"，在 11 时的记录表中记"1100 – 1120"。出现时间不足 1 min 即终止时，只记开始时间。大风的起止时间，凡两段出现的时间间歇在 15 min 或以内时，应作为一次记载。

（3）在视区内出现的天气现象但在测站未出现，也应观测和记录，同时应在纪要栏内注明。

（4）当天气现象造成灾害时，应在纪要栏内详细记载。

(5) 凡与海面水平能见度有关的天气现象，均应与海面水平能见度观测相匹配。

10.5 风 的 观 测

风，气象要素之一，是相对于地表面的空气运动。通常指它的水平分量。在沿海区域，从陆地向海洋移动的风会混合水体使海水降温；海洋上的风会受海表温度差的影响。风能驱动海流影响海气间的能量交换和水汽通量，并会影响到区域性和全球性气候，风对波浪和大尺度海流的产生也非常重要。

风一般用风向和风速（风力或风级）来表示。风向指气流的来向，常用16方位来表示，也可用矢量相对于子午线的角度来表示。取北为0°或360°。风速常以 $m \cdot s^{-1}$ 或 kn（节，knots）为单位，单位之间的换算关系为：$1\ m \cdot s^{-1} = 3.6\ km \cdot hr^{-1} = 1.94\ kn$。或以风力等级表示。

测风是观测一段时间内风向、风速的平均值。测风应选择在周围空旷、不受建筑物影响的位置上进行。

仪器安装高度以距海面10 m左右为宜。在近地层，风随高度的变化接近对数的关系。测风仪器虽不能置于标准高度10 m处，但在安装条件达到"开阔"的要求（即风速表离障碍物的距离至少是障碍物高度的10倍）时，高度为 h 处的风速与10 m高处的风速 u_{10} 的关系可近似地用赫尔曼（Hellman）公式的简化形式来表示，即

$$u_h = u_{10}(0.233 + 0.656 \log_{10}(h + 4.75)) \qquad (10-1)$$

无风（$0 \sim 0.2\ m \cdot s^{-1}$）时，风速记"0"，风向记"C"。

海面风观测是海洋气象观测项目之一。主要观测海面上10 min内的平均风速及相应的最多风向。在定点连续观测中，要求除进行定时观测外，还应从自动记录中求出逐时的风向、风速，并挑选周日最大风速、对应的风向及其出现的时间。测风仪器，一般使用船舶气象仪、电传风向风速仪、手执风向风速表等。在不具备测风仪器的情况下，则采用目力测风，可借助海面状况估测风速，可借助船上漂动的目标物或者海面上波峰线的方向，估测风向。目力测风时，要参照风力等级表。

风速（$m \cdot s^{-1}$）$= 0.835\sqrt{F}$，式中 F 为风力等级数。风速为该风力等级的中数（取整数），指相当于10 m高处的风速。按照蒲福风力等级表，自静风到飓风可分为13级。

海洋表面风本身并非海洋学测量参数，但现代遥感技术能够从海表粗糙度推导出表面风矢量，而这个粗糙度实际上是一个海洋学参数。卫星遥感是正在发展中的观测海面风的重要手段，最早利用主动式微波仪器进行海表风遥感观测的是1978年 SEASAT – A 卫星散射仪（SASS）；2005年 ESA 在第一颗欧洲气象业务（METOP）极轨环境卫星上搭载了改进型散射计（ASCAT）。2003年，美国发射的 WindSat 是被动式微波遥感反演海表风的示例。SAR 在观测海表风方面也有一定潜力，特别是在沿海区域以及观测中尺度大气现象相关海表风时。将 WindSat OuikSCAT 以及现场浮标数据进行比较研究的结果

表明：风速在 10 m·s^{-1} 以上时被动式 WindSat 风反演可比于散射计风反演的结果；风速在 6～10 m·s^{-1} 时 WindSat 风观测误差比浮标风观测略高，但是能满足该范围内业务化观测需求；风速在 3～6 m·s^{-1} 之间时主动式遥感观测结果更好一些；风速小于 3 m·s^{-1} 时所有遥感技术和大多数现场观测技术都不可靠。

10.6 气温和湿度观测

10.6.1 空气温度和湿度的观测要求

空气湿度指空气的水汽含量或潮湿程度。以水汽压、绝对湿度、相对湿度、饱和差、露点温度表示。相对湿度，指空气中水汽占该温度下饱和时含量的百分比，用%表示，饱和时为100%；水汽含量，以 g·m^{-3} 表示，饱和的含量因气温而不同，例如 0 ℃ 时为 4.9 g·m^{-3}、20 ℃ 时为 17.3 g·m^{-3}、30 ℃ 时为 30.4 g·m^{-3}；水汽压力，水汽的分压力，用 hPa 表示，饱和水汽压力与温度和水的相态及表面曲率都有关系。其他表示方法还有温度露点差、混合比等。

空气温度和湿度的观测可得到空气的温度、绝对湿度、相对湿度和露点四个量值。

在船舶上观测空气的温度、湿度，通常是采用百叶箱内的干湿球温度表或通风干湿表；此外，还可以使用船舶气象仪。

空气温度和湿度的观测，要求温度表的球部与所在甲板间的距离一般在 1.5～2 m 之间。为了避免烟囱及其他热源（如房间热气流等）的影响，安装的位置应选择在空气流畅的迎风面，距海面高度一般在 6～10 m 的范围内为宜。另外，仪器四周 2 m 范围内不能有特别潮湿或反射率强的物体，以免影响观测记录的代表性。

10.6.2 百叶箱的作用与构造

百叶箱的作用，是使仪器免受太阳直接照射、降水和强风的影响，还可减少来自甲板上的垂直热气流的影响，同时保持空气在百叶箱里自由流通。

船用百叶箱的构造和内部仪器的安置，与陆地气象台（站）使用的基本相同，但船上的百叶箱是可以转动的，以便在观测时把箱门转到背太阳的方向打开。

10.7 气压观测

10.7.1 气压的定义

气压是作用在单位面积上的大气压力，气压的计量单位过去习惯上用水银柱高度表示。自 1914 年起许多国家改用力的单位毫巴（mbar）计量，一个标准大气压（760 mmHg）等于 1013 mbar。1982 年 1 月世界气象组织采用帕（Pa）作为气压单位，并以百帕（hPa）为基本单位。1984 年 2 月，中国的气压计量单位也改用百帕，1 百帕（hPa）= 1 毫巴（mbar）。

气压随高度按对数规律减小。近地面层气压随高度的递减率约为每 10 m 降低 1 hPa。随着高度的升高，空气密度减小较快，递减率也随之减小。温度变化会引起空气膨胀、流动，改变其密度。受热多的地区，气压降低；受热少的地区，气压升高。因此，地球表面气压随地区、时间而变。

在定时观测、大面观测和断面观测中，要观测当时的气压。在定点连续观测中观测各定时的气压，并从自计记录中求出逐时的气压并挑选出日最高和最低气压。

测定气压的仪器主要用动槽式和定槽式水银气压表。要求连续记录气压变化时，可用自记气压计。根据气压表读数计算本站的气压，要进行仪器、温度和重力差的订正。盒式气压表比较简单，常在野外查勘时用。舰船上气压的观测主要用空盒气压表，有时也可采用船用水银气压表。气压倾向则用气压计观测。

10.7.2　空盒气压表观测

（1）结构。空盒气压表的感应部分是一个有弹性的密封金属盒，盒内去空气并有一个弹簧支撑着。当大气压力变化时，金属盒随之发生形变，使其弹性与大气压力平衡。金属盒的微小形变由气压表的杠杆系统放大，并传递给指针，以指示当时的气压。刻度盘上有一附属温度表，指示观测时仪器本身的温度，用于进行温度订正。

（2）位置。空盒气压表应水平放置在温度均匀少变、没有热源、不直接通风的房间里，要始终避免太阳的直接照射。气压表下应有减震装置，以减轻震动，不观测时要把空盒气压表盒盖盖上。

（3）观测步骤。打开盒盖，先读附属温度表，读数要快，要求读至小数点后一位，然后用手指轻击气压表玻璃面，待指针静止后，读指针所指示的气压值。读数时，视线要通过指针并与刻度面垂直，要求读至小数点后一位。

（4）空盒气压表读数的订正。刻度订正：刻度订正在检定证上列表给出，一般每隔 10 hPa 给出一个订正值，当指针位于已给定订正值的两个刻度之间时，其刻度订正值由内插法求得。温度订正：用附属温度表读数乘以温度系数（从检定证上查出），乘积即温度订正值。作温度订正时，应注意温度读数和温度系数的正、负号。补充订正：补充订正也由检定证给出。高度订正：订正为海平面气压。

10.8　海气通量观测

大气边界层（atmospheric boundary layer，ABL）又称为行星边界层（planetary boundary layer，PBL），通常指从地面到高度为 1～1.5 km 的大气层。在这一层中大气

直接受地球表面影响，包括海洋、陆地、积雪和冰等地球表面，热量和水汽通过垂直方向的湍流过程不断地从地球表面输送到大气。

作为大气中最靠近地球表面的一层，大气边界层的性质及其中的物理过程都与下垫面的特征密切相关，因此，大气边界层通常以下垫面命名，海洋大气边界层（marine atmospheric boundary layer，MABL）即是指以海洋为下垫面的大气边界层。

由于人类主要的生活区域在陆地上，并且在陆地上进行边界层的观测与实验相对容易，因此人们最初对于边界层的研究就是陆地大气边界层的研究，这也一直是边界层研究的重点。进入20世纪以来，人们越来越意识到海洋对于人类的重要性，而且也认识到海洋与大气运动有着密切的联系。大气向海洋传输的动量通量，是推进和维持洋流的主要动力。而海洋是驱动大气运动的主要热源。感热和潜热作为海气能量交换的主要形式，在海气通量中占有十分重要的地位。CO_2作为一种重要的温室气体，越来越为人们所重视。海洋作为CO_2重要的汇，吸收了人类活动所排放CO_2总量的60%。由此可见，海气动量、感热、潜热、CO_2通量都对全球气候有着十分重要的影响。

海气之间动量、感热、潜热和CO_2的交换对气候变化、环境变异和海洋生态系统都有重要意义。随着科技的发展，在对海洋及大气的研究过程中，海洋与大气越来越被看作一个有机的整体，而不是相互独立的系统。因此，了解海气界面之间能量和物质的交换的过程和机制对海洋和大气研究都有着十分重要的意义。海气通量观测通常包括下面三方面的内容：

（1）海气动量通量。在大气边界层下方，空气运动在黏附力的作用下，在海表与大气之间会形成一个速度梯度，产生切应力。这种切应力传输动量的过程称为动量传输。单位时间通过单位断面所传输的动量称为动量通量。海气动量通量是海洋多种运动驱动力的主要来源，大气通过风应力向海洋输送动量，而由风应力产生的风浪及其破碎，又改变海面风应力状况，从而改变大气向海洋的动量输送。

（2）海气热量通量。海气热量通量分为海气感热通量和海气潜热通量。在不发生物体和媒质的状态变化（相变）的条件下，通过热传导和对流（湍流）所运输的能量称为感热。当两个温度不同的物体接触时，热量将会从温度高的一方向温度低的一方传输，其传输的热流量称为感热通量。感热通量与温度差值成正比，这个比例系数称为感热传输系数。物质发生相变而吸收或放出的热量称为潜热。水蒸气通过大气等介质传输能量时，单位时间通过单位面积的潜热流量称为潜热通量。

（3）海气CO_2通量。海气CO_2通量是指单位时间单位面积上在大气与海洋之间的净交换量。大气中的碳有很大一部分要以CO_2的形式溶解进入海洋，而海洋中的碳也会以CO_2的形式进入大气。对海气CO_2通量的研究、估算对深刻理解碳的生物地球化学循环以及全球气候变化有重大意义。

目前，人们广泛采用的海气通量计算方法主要有四种，即块体参数化方法、廓线方法、惯性耗散法和涡动相关法：①块体参数化方法（bulk aerodynamics）是通过测量状态变量的平均值，采用迭代的方法计算海气界面湍流通量，至今仍用于处理船和浮标数据，得到的数据结果也作为数值模型的边界条件。它所使用的数据测量时间尺度一般是1 h，在这个时间尺度上，气象、海流等环境因素本身的变化，环境因素引入的测量仪器的误差是不可忽略的。此方法缺点在于测量结果的获得需要依据某些经验系数。②廓线方法（mean profiles）是利用通量大小与平均变量垂直廓线之间的 Businger-Byer 关系，由平均变量廓线测量给出海气界面通量。此方法主要缺陷是通量与平均廓线之间为一个经验关系，需要精确测量一些气象学参数的梯度分布。③惯性耗散法（inertial-dissipation）依据 Kolmogorov 湍流能谱理论，通过测量海洋动力环境参数的脉动梯度来确定海气界面通量，该法采用较高的数据采样频率，因此，无须修正船的运动，但是该方法需要增加额外的参量（如空气与海洋温度差）才能确定通量的方向。此方法虽然优于上述两种方法，但却局限于各向同性湍流通量的计算，应用于海气界面通量的计算会导致一定的误差。④涡动相关法（eddy covariance）是利用快速响应传感器测量状态变量的脉动，由获取的脉动资料的时间序列进行统计相关平均，获得海气界面湍流通量。该方法的优点是直接测量海气界面湍流通量，无须任何经验参数，因此它将代表未来海气界面湍流通量直接实时自动测量发展的方向，是目前船基仪器所使用的最可靠、最可信、最准确的方法。

涡动相关技术是通过测定和计算物理量（如温度、CO_2、H_2O 等）的脉动与垂直风速脉动的协方差求算湍流输送通量的方法，其在观测和求算通量过程中几乎没有假设，具有坚实的理论基础，适用范围广，被认为是现今唯一能直接测量生物圈与大气间能量和物质交换通量的标准方法。参照国际海气观测经验，海气界面的动量、热量、水汽通量的观测利用 CSAT3 超声风温仪、FW05 温度脉动仪和 M100 红外湿度仪采样，仪器的采样频率设为 10～20 kHz，每站观测 60 min。

通量观测系统还包括光纤姿态测量仪和 DGPS，它们主要用于船体摆动对通量影响的校正，且与上述通量观测仪具有相同的采样频率。通量观测系统安装在万向架上并固定在前甲板左侧弦 5 m 长的伸臂上，以最大限度保持仪器的水平。

一般情况下，涡动相关技术要求仪器安装在能量或物质通量不随高度变化的边界层，即所谓的常通量层（constant flux layer）内。可以通过标量物质守恒方程更好地理解常通量层的概念：

$$\frac{\partial \bar{s}}{\partial t} + \frac{\partial \overline{u_i s}}{\partial x_i} - D \frac{\partial^2 \bar{s}}{\partial x_i^2} = S \qquad (10-2)$$

式中，s 是标量浓度，t 是时间，u_i 是正相交方向 x_i（$i=1,2,3$）上的风速分量，D 为该标量 s 在空气中的分子扩散系数，S 是不依赖于通量传输方程的源汇项，$\bar{s}$ 表示 s 的时间平均。左边第 1 项是单位体积内物质变化的平均速率，而第 2、3 项是引起控制体发生净平流和分子扩散的通量辐散项。

常通量层通常满足以下三个条件：①稳态（$\partial \bar{s}/\partial t = 0$）；②测定下垫面与仪器之间没有任何源或汇（$S=0$）；③上风向区域有足够长的水平均匀下垫面，即 $\partial \overline{u_i s}/\partial x_i$ 和 $D \partial^2 \bar{s}/\partial x_i^2 = 0$，$i=1,2$。

当这三个条件都满足时，方程（10-2）可简化为

$$\frac{\partial \overline{ws}}{\partial z} - D \frac{\partial^2 \bar{s}}{\partial z^2} = 0 \qquad (10-3)$$

式中，w 是风的垂直分量，z 是垂直坐标，近地面处湍流被抑制，在测定高度 z 处，湍

流输运比分子扩散输运大几个数量级。对式（10-3）积分并运用雷诺分解（$w = w' + \overline{w}$，$s = s' + \overline{s}$），得到

$$F_0 = -D\frac{\partial \overline{s}}{\partial z_0} = (\overline{w's'})_z = F_z \qquad (10-4)$$

其中，F_0 是分子扩散通量，F_z 是高度 Z 处的湍流涡动通量。

第十一章 海洋物理调查

11.1 海洋声学调查

11.1.1 海洋声学概述

由于海洋对光波与电磁波基本上是"不透明"的,声波是目前唯一能在海洋中远距离传播的波动形式。水声技术是水中探测、测量、通信以及水中兵器制导的主要手段,广泛应用于海洋石油勘探、海洋生物资源的调查、海流的遥测、全球大洋声学测温、海底地貌与底质的探测等。但是迄今为止,水声技术的潜力远没有得到发掘,原因是它受海洋环境影响非常明显。海洋是一个十分复杂的声传输系统,海面有波浪起伏,水体中存在各种时空非均匀性(如内波、潮汐、锋面、中尺度涡),海底存在不平整性与非均匀性。因此,海洋环境的复杂性与不确定性给水声技术的发展带来了巨大的挑战和机遇。

人们对海洋环境的了解远远落后于对大气环境的了解,20世纪美国著名水声学家Spindel在一次浅海声学研讨会上说:"浅海声学的关键不是声学,而是海洋学!"因此,海洋环境的研究对水声技术的发展至关重要,水声物理、信号处理与海洋环境紧密结合是水声技术发展的必然趋势。

海洋作为一种声介质所起的作用非常复杂,描述并预测各种海洋环境下的声波传播剖面和模型,水声传感器与环境结合的性能预测,声波干扰模型,以及目标的检测、识别、定位和跟踪等,成为当前水声研究的主要目标。海洋声学层析和声成像、水声匹配场处理、合成孔径、多波束测深、多普勒测流、声脉冲相干等技术成为目前研究的前沿方向。

11.1.2 水声环境

声波在海水中的传播,相对于在大气中传播要复杂得多,海水作为声传媒,其温度随季节、气候而变化,各水层的压力随深度增加而增加,其盐度(影响介质密度)随海区的不同也各有差异,其中的生物与小气泡也会对声波产生吸收和散射等效应。海洋水声环境如跃层、中尺度涡、海洋锋、内波以及海底地形等都会对声的传播产生重要影响。

(1)中尺度涡。中尺度海洋涡旋是指一种特性的水团被另一种特性不同的水体所包围,同时自身具有封闭的顺时针或逆时针方向旋转运动的海洋中尺度特征。在大洋中，海流流系两侧通常存在环流性涡旋，即中尺度涡。中尺度涡中的温、盐、声的空间结构与涡体外的结构明显不同。中尺度涡直径一般为 100～200 km，涡流流速可达 2～39 kn，影响深度可达几百米，且中尺度涡的持续时间很长，有 3～6 个月或更长时间的寿命。

（2）海洋锋。海洋锋一般指性质明显不同的两种或几种水体之间的狭窄过渡带。狭义而言，有人将其定义为水团之间的边界线，广义地说，可泛指任一种海洋环境参数的跃变带。海洋锋的持续时间，短者仅数小时，长者可达数月或更长。海洋锋附近流场的分布，具有明显的平行于锋的方向上的流动特征，在垂直于锋的方向上常有强烈的水平切变。

（3）内波。除了海面的波动外，在海洋内部也会发生波动现象，称为海洋内波。海洋内波是指密度层化的海水在受外力扰动后，在海水内部产生的波动，其最大振幅发生在海洋内部，具有独特的波形、远距离传播特性和很强的随机性，其波长一般为近百米至几十千米，周期一般为几分钟至几十小时，振幅一般为几米至百米量级。导致海洋内波的发生有两大要素：一是海水稳定分层，密度层化是内波存在的必要条件，密度层化强度越小，内波频率就越低，内波的传播速度就越小；二是存在扰动，如海表层的风、各种海流、海底地形的起伏、地震等引起的海底剧烈震动、船舶或潜体的运动以及鱼群游动等。

（4）海面和海底。在风的作用下，海面会生成波浪，海面波浪既呈现周期性（或准周期性），又呈现随机起伏性。当水中的声波入射到起伏的海面上时，就会产生散射波，其中一部分声能量弥散到散射场，造成能量损失。海底也是影响海洋水声环境极其重要的环境因素。一般可以把地形分为四大类，第一类是阶梯形，这类海底主要是在浅海环境中对水声探测影响较大；第二类为海沟形，这类海底对水声探测的影响也主要表现在浅海海区；第三类是斜坡形，主要在过渡海区和浅海海区对水声探测影响较大；第四类为海山型，主要在深海海区和强切割海区出现。

（5）跃层。有河流入口的近岸水域常常存在盐度跃层，而在陆架海或深海往往发育有随季节变化的温度跃层。在海洋表面，因受阳光照射，水温较高，同时又受到风浪的搅拌作用，形成海洋表面等温层，也称混合层。在深海内部，水温比较低而且稳定，形成深海等温层，温跃层一般介于表、底两个等温层之间。

11.1.3 声速计算

通常所说的声速是指平面波的相速度，它是一种纵波，与密度、可压缩性有关。在海洋中，密度、可压缩性则与静压力、盐度以及温度有关。因此，海水中的声速 C 是海水温度 T、含盐度 S 以及深度 Z（静压力）的递增函数，它们之间具有复杂的关系，常用的经验公式为

$$C = 1449.2 + 4.6T + 0.055T^2 + 0.000029T^3 \\ + (1.34 - 0.01T) \times (S - 35) + 0.016Z \qquad (11-1)$$

式中，T 是温度，℃；S 是盐度，psu；C 是声速，m·s^{-1}；Z 是水深。

在大多数情况下，上述简化的 DelGrosso 声速方程已足够精确，可以满足大多数实

际需要。但是若要计算更精确的声速值，声速作为温度、盐度和深度的函数来说是远远不够的。比如完整 DelGrosso 的表达式就有 19 项，每项的系数保留 12 位有效数字。DelGrosso 公式建立在独立测量的基础之上，至今未见文献对 DelGrosso 测量数据提出质疑，并且有研究者从大洋长距离声传播试验的角度证明了 DelGrosso 公式计算结果与实测结果符合得最好，它也是 UNESCO 推荐声速计算公式。除此以外，还有一些其他优秀的、精确的经验公式可供选择，如 Chen-Millero 公式。

海洋中的声速分布是多变的，既有海域性变化，也有季节性变化和周、日变化。决定海水声速的温度、盐度和压力三个主要因素主要随深度变化，因而海水声速可近似认为主要是在深度方向上变化，也就是在深度方向上存在声速剖面。

典型的深海声速剖面具有声道结构。声速主要随海水深度（压力）的增加而增加，呈现正梯度分布。在表面等温层和深海等温层之间，存在一个声速变化的过渡区域，在这一过渡区域，温度随深度逐渐下降，声速呈现负梯度分布，这一区域称为跃变层。

浅海声速剖面受到更多因素的影响，变化较大，呈现明显的季节特征。在温带海域的冬季，浅海大多为等温层，形成等声速剖面或弱正梯度声速剖面；在夏季，多为温度负梯度，因而形成负梯度声速剖面，甚至跃变层。

11.1.4　声速测量

在海上，测量声速一般采取两种方式：直接测量法与间接测量法。

11.1.4.1　直接测量

直接测量法使用的设备一般称为声速仪，通常利用收发换能器在固定的距离内测量声速，同时以压力传感器及温度补偿装置测量水深。根据获取声速的方法的不同，通常又可分为环鸣法、脉冲叠加法、驻波干涉法以及相位法等。这里简单介绍最常用的环鸣法以及相位法。

目前常见的海水声速仪大多都是采用环鸣法的原理制成。发射换能器产生的脉冲在海水中传播一定距离后被接收换能器接收，经过放大整形鉴别后产生一个触发信号立即触发发射电路。这样的循环不断进行，就可以得到一个触发脉冲序列。忽略循环过程中的电声延迟，得到的重复周期时间可认为是通过固定距离的时间，由此计算得到海水声速。相位法可以避免环鸣法每一次循环中电声和声电转换带来的误差，也是一种常用的方法。通过测量收发信号的相位差，计算固定频率的波长，最后获得声速。随着信号处理技术的发展，相位测量的精度及该方法测量的声速精度正不断提高。

11.1.4.2　间接测量

间接测量是通过水文仪器（如温盐深仪等）测量海水的温度、盐度和深度，利用这些环境测量与声速的经验公式，进而计算得到声速剖面。目前，该方法精度超过了直接测量法，尤其是在开阔不冻的海洋中，盐度的变化量通常是可以忽略的，一旦对深度的影响作修正后，温度相对于深度的关系曲线同声速分布剖面完全是一模一样的。

在科学调查船上广泛使用的是温盐深仪（CTD）和热敏探头（BT）。这一类吊放式设备在同一艘船上投放并回收，可以在特设的显示设备上读取温度（盐度、压力）和深度的关系，进而获得声速剖面。它们的主要缺点是回收仪器费时费力，并且无法在走航中应用。

以投弃式温度探头（XBT）和投弃式温盐深探头（XCTD）为代表的投弃式设备，是可以在走航中获得声速剖面而不必回收的传感器件。原理上它由装有水文参数（温度等）测量探头的投弃容器构成，入水后以已知的速率下沉。探头上缠绕在卷轴上的细线与甲板上接收设备相连。在不断下沉中，探头通过细线将水文参数传回，形成水文参数随深度的变化曲线图（计算得到声速剖面）。随着投弃式探头测量精度的不断提高，已经在日常海上作业中逐渐取代吊放式设备并应用于科学领域。

11.1.5 水声通信

水声技术已成为海洋开发的主导技术之一，计算机及网络信息技术的发展又将进一步推动水声通信网络成为一个信息化、现代化的海洋研究开发系统，把各种各样的水声传感器通过水声通信网络互联，能为不同用户间提供检测、遥控、安全保障和协同作业所需的信息传输，可广泛用于海洋资源开发。在研究海域布放多种传感器对重要的海区进行大面积、长时间、全天候的连续观测和信息的收集，并实时传回至信息收集与处理中心进行研究与分析，能真正掌握海洋的自然变化规律，以便于对环境变化和灾害发生进行及时的预报。

水声通信网络在民用和军用两方面都有着巨大的应用潜力，欧美发达国家在这方面投入了相当大的力量进行研究与开发，到目前为止，国外一些机构组建研究的水声通信网络已为数不少，部分已经成功地进行了海洋实验并走向了实际应用，进而发展到覆盖空中、地面、水下的立体信息网的形成。例如，美国海军研究总署和麻省理工学院联合开发的水下自治采样网络，美国海军的海洋万维网（Seaweb）系统，欧洲的系列化水声通信网络计划等等，都已经达到了很高的水平。与此相对应，我们国家的水声网络计划无论是在基础理论研究还是在设备的研发方面都还处在刚刚起步的阶段。

11.1.5.1 水声通信信道特性

水声通信信道是属于随机的时空频变参、多途效应明显、传输衰减严重、噪声级较高、信号传播速度较低和严格带限的一类特异通道，与一般无线通信信道差异明显。

（1）多径效应又叫多途效应。多途由海面和海底反射所产生的宏观多途和由海水不均匀介质而形成的声波的折射的微观多途所组成。在水声信道中，在收、发两端始终存在着一条以上的传播路径，也由于浅海水声信道随机的时、空、频变特性，使得多途现象更为严重。多途传播对接收信号的影响在时域上主要表现为码间干扰；在频域上则体现为频率选择性衰落。显然，如何抑制多途，实现信号的稳定、可靠检测是水声通信中要解决的关键问题。

（2）多普勒频移。声波在浅海信道传播时由于多普勒效应造成发射信号的频率漂移，这种漂移称为多普勒频移。收、发端的相对运动以及海面波浪运动和海中湍流都会引起多普勒频移，其中海面波浪运动是主要因素，并且随着海风风级的增强而增大。

（3）声波传输损耗。由于海水介质不是理想无损耗介质，声波在海水传播时也会衰减。由于海水介质中存在泥沙、气泡、浮游生物等悬浮粒子以及介质分布的不均匀性，因此易引起声波散射和声强衰减，尤其在含有气泡群的海水中，具有非常高的声吸收和散射。另外海面、海底对声波的散射，也是引起声强衰减的一个原因。

（4）有限的带宽。声波在水声信道环境传递的过程中，会因为水介质的物理吸收而造成声波能量的损失。介质吸收造成的能量损失与声波频率的平方成正比，频率越高能量损失就越多，而对于频率较低的声波其能量的损失就相对比较小。因此，水声通信信道带宽是严格受限的。此外，水声信道中，信息可靠传输的距离与载波的工作频段也有较大的关系。近距离通信通常使用频带略高一些，一般是 10～100 kHz。而中远距离信息传输，比较适合的工作载波频率就应该在 20 kHz 以下，通常带宽只有几 kHz。水声信道带宽还受到水声换能器带宽的限制。因此，相较于采用电磁波作为载体的其他信道，水声信道的带宽是比较窄的。

11.1.5.2　水声通信技术

由于水声通信信道的复杂性，水声通信系统设计所面临的最大问题应该是频率选择性衰落和多径传播引起的码间干扰，这其中的关键环节就是选择合适的调制技术和信道纠错编码技术以实现高速稳定的传输。

（1）信号调制技术。对于一般无线或有线通信信道，要想获得比较好的通信性能，使用的技术手段包括数字调制解调、信道估计、载波同步、信道均衡、信道编码等。前面已经分析过，水声通信面临的最大问题是有限的带宽资源以及多途衰落特性的影响。在各种调制技术中，正交频分复用（又称 OFDM 技术），是目前比较成熟和可靠的一种技术。OFDM 信号是由多个子载波构成，每个子载波都可以根据信道的特性选择不同的调制方式，在水声通信系统中，比较常用的是 MQAM 和 MQPSK 调制方式。OFDM 系统可以通过有效的信号调制技术、信号同步、信道均衡等措施来提高频带资源的利用率和传输的可靠性，在具体的信号处理过程中，采用插入保护间隔和加窗等手段可有效避免符号间干扰 ISI（inter symbol interference）问题。

（2）水声信道编码方式的选择。考虑到水声信道环境的复杂性和存在的频率偏移、时间同步以及噪声等问题，会导致随机性和突发性错误的产生，使接收信号统计中误码率相对偏高，影响信息传输的有效性和可靠性。因此，为进一步改善系统的误码率性能，就要求系统在信号接收端能够对传输过程中产生的错码予以检测和纠正，信道纠错编码的应用正是为了解决这一问题。目前比较成熟的信道编码方案主要有 RS 码、卷积码、级联码、Turbo 码、低密度奇偶校验码（low density parity-check，LDPC 码）等。目前比较流行的是 Turbo 码和 LDPC 码。Turbo 码通过在编译码过程中交织和解交织的过程，实现了随机性编译码的思想，通过短码的有效结合构成长码，从而达到了接近香农理论极限的性能。实践中显示，Turbo 码具有抗衰落、抗干扰性能，尤其适合功率受限的系统，只要时延和复杂度允许，可在多种恶劣条件下提供接近极限的通信能力。LDPC 码，在编解码过程中其运算量和灵活性方面都比较优秀，译码复杂度低，可并行译码且译码错误可检测，被广泛认为是下一代纠错码的最优方案。Turbo 码和 LDPC 码的误码率性能最接近香农极限，因此，在水声通信技术中采用这两种编码方案，有利于提高系统性能。

由于声波在水中的衰减最小，水声通信适用于中长距离的水下无线通信。在目前及将来的一段时间内，水声通信是水下传感器网络当中主要的水下无线通信方式。但是水声通信技术的数据传输率较低，因此，通过克服多径效应等不利因素的手段，达到提高带宽利用效率的目的将是未来水声通信技术的发展方向。

11.2　海洋光学调查

11.2.1　海洋光学概述

海洋光学是光学与海洋学之间的交叉和边缘学科。它主要研究海洋的光学性质、光辐射与海洋水体的相互作用、光在海洋中的传播规律，以及与海洋激光探测、光学海洋遥感、海洋中光的信息传递等相关的应用技术和方法。

海洋光学调查的主要理论基础是海洋光辐射传递理论和水中光能见度理论。特别是到 20 世纪中叶，随着激光技术、光电池和电荷耦合器（简称 CCD）技术的诞生，海洋光学进入到系统的、全面的、长足的发展阶段，人们研制了水中辐射计、水中散射计、海水透射率计、水中辐亮度计等海洋光学仪器，系统地测量了光在海水中的衰减、散射和光辐射场的分布，为研究海洋水质成分及水质状况分布提供了科学依据。

11.2.2　光的透射性

海洋光学测量的主要要素是水下辐照度（underwater irradiance）和光透射率（light transmission）。水体固有光学特性是受水体成分影响的，水体成分的变化影响着水下各个物理参量的变化，包括辐照度。水下辐照度可由水下辐照度仪来测量。

11.2.3　光的非色素颗粒物吸收

非色素颗粒物和黄色物质的吸收是海水总吸收中重要的组成部分，也是目前海洋光学和水色遥感研究的主要内容。

分光光度法是通过测定被测物质在特定波长处或一定波长范围内光的吸光度或发光强度，对该物质进行定性和定量分析的方法，也称吸收光谱法。

在分光光度计中，将不同波长的光连续地照射到一定浓度的样品溶液时，便可得到与众不同的波长相对应的吸收强度。用紫外光源测定无色物质的方法，称为紫外分光光度法；用可见光光源测定有色物质的方法，称为可见光光度法。它们与比色法一样，都以 Beer-Lambert 定律为基础。

11.2.4　水色遥感

水色遥感最初发展并应用于海洋水体，称为海洋水色遥感。海洋水色遥感是指利用各种星载传感器探测与反演海洋水体水色要素参数（主要指叶绿素、悬浮物、溶解性有机物等）的一门以现实需求为导向的实用性应用科学，属于定量遥感的研究范畴。

卫星遥感具有快速、大范围、周期性、一次成像成本相对低廉的特点，是水色遥感的实用基本平台,其本质是通过遥感影像数据反演水体的水色参数含量,反演的过程就是模型求解的过程,反演的精度一方面取决于传感器自身的能力(时间分辨率、空间分辨率、光谱分辨率及辐射分辨率),另一方面取决于模型的细部刻画能力,反演模型成为水色遥感的核心和关键,模型的构建过程也称为水色遥感的正演过程,涉及的对象包括大气、水体、水气界面,光学浅水区还涉及水底底质,关注的内容包括水色遥感的大气校正、水-气或气-水界面校正、生物光学模型的构建,光学浅水区还包括水底信号的分离和剔除。因此水色遥感是大气辐射传输过程和水体辐射传输过程的高度集合体。

11.2.5 水下光通信

11.2.5.1 水下激光通信

水下激光通信技术利用激光载波传输信息。由于波长 450～530 nm 的蓝绿激光在水下的衰减较其他光波段小得多,因此蓝绿激光作为窗口波段应用于水下通信。蓝绿激光通信的优势是拥有几种方式中的最高传输速率。在超近距离下,其速率可到达 100 Mb·s^{-1}级。蓝绿激光通信方向性好,接收天线较小。蓝绿激光水下通信具有海水穿透能力强、数据传输速率快、方向性好、设备轻巧且抗截获和抗核辐射影响能力好等优点,得到快速发展和广泛研究。

20 世纪 70 年代初,水下激光技术的军事研究开始受到重视。20 世纪 90 年代初,美军完成了初级阶段的蓝绿激光通信系统实验。但激光通信目前主要应用于卫星对潜通信,水下收发系统的研究滞后。蓝绿激光应用于浅水近距离通信存在固有难点:

(1)散射影响。水中悬浮颗粒及浮游生物会对光产生明显的散射作用,对于浑浊的浅水近距离传输,水下粒子造成的散射比空气中要强三个数量级,透过率明显降低。

(2)光信号在水中的吸收效应严重。包括水媒质的吸收、溶解物的吸收及悬浮物的吸收等。

(3)背景辐射的干扰。在接收信号的同时,来自水面外的强烈自然光以及水下生物的辐射光也会对接收信噪比形成干扰。

(4)高精度瞄准与实时跟踪困难。浅水区域活动繁多,移动的收发通信单元在水下保持实时对准十分困难。并且由于激光只能进行视距通信,两个通信点间随机的遮挡都会影响通信性能。

由以上分析可知,由于固有的传输特性,激光通信应用于浅水领域近距离高速通信时会受到局限。

目前,对潜蓝绿激光通信最大穿透海水深度可达到 600 m,远比甚低频和特低频等射频信号强,且数据传输速率可达 100 Mb·s^{-1}量级,远高于射频信号。其不足之处在于光源易被敌方的可视侦察手段探知,且通信设备复杂,技术难度较大。目前基本上尚处于研制、试用阶段,前景难料。

2017 年 7 月,业界在蓝绿激光水下无线通信中取得了突破性进展。日本国立海洋研究开发机构在日本防卫省的资金支持下,在水深 700～800 m 的海洋环境完成了水下移动物体间蓝绿激光无线通信,通信距离超过 100 m,通信速率达 20 Mb·s^{-1}(这一速度可实时传输视频画面)。这预示着该技术向实用化又迈出坚实的一步。这一技术将来

有望应用于海底探测等水下作业、海底观测仪器与船舶及无人机之间的通信以及潜艇通信等军事领域。

11.2.5.2 水下中微子通信

中微子是一种穿透能力很强的粒子,静止质量几乎为零,且不带电荷,它大量存在于阳光、宇宙射线、地球大气层的撞击以及岩石中,20 世纪 50 年代中期,人们在实验室中也发现了它。通过实验证明,中微子聚集运动的粒子束具有两个特点:它只参与原子核衰变时的弱相互作用力,却不参与重力、电磁力以及质子和中子结合的强相互作用力,因此,它可以直线高速运动,方向性极强;中微子束在水中穿越时,会产生光电效应,发出微弱的蓝色闪光,且衰减极小。采用中微子束通信,可以确保点对点的通信,它方向性好,保密性极强,不受电磁波的干扰,衰减极小。据测定,用高能加速器产生高能中微子束,穿透整个地球后,衰减不足千分之一,也就是说,从南美洲发出的中微子束,可以直接穿透地球到达北京,而中间不需卫星和中继站。另外,中微子束通信也可以应用到例如对潜等水下通信中,发展前景极其广阔,但由于技术比较复杂,目前还停留在实验室阶段。

11.2.5.3 水下量子通信

量子通信技术是以单光子为信息载体,结合量子叠加和量子不可克隆等量子力学基本物理原理,和通信与系统、计算机科学以及光科学与工程等学科交叉融合发展起来的新一代信息技术。量子通信有望帮助人类实现真正意义的无条件安全的保密通信,在未来的金融、军事、公共信息安全等方面展现出极大的发展前景,已成为未来信息技术发展的重要战略性方向之一。基于光纤和自由空间大气信道的量子通信已经被证明是可行的,近年来得到了长足的发展。然而覆盖了地球 70% 的海洋是否可以被用作量子信道仍然是未知的。缺少了海洋,全球化的量子通信网是不完整的。

上海交通大学已实现了首个海水量子通信实验,观察到了光子极化量子态和量子纠缠可以在高损耗和高散射的海水中保持量子特性,验证了水下量子通信的可行性,这标志着向未来建立水下以及空海一体量子通信网络迈出了重要一步。证明了量子通信技术不仅可以"上天、入地",还可以"下海"。

实现海水中的量子通讯存在如下问题:首先,是海水对光的损耗问题。在海水中,很强的吸收和散射看起来对光的传输非常不利,这也是为什么海水乍看起来并不是量子通信的好介质。克服这个困难的方法是利用 405 nm 的光子,这个波段位于海水的"蓝绿窗口",在此窗口内,海水的吸收较其他波段要弱。

其次,是量子态在海水中的抗干扰能力。对应经典信息中的比特,量子比特是量子通信的基本单元。那经过海水信道之后,量子比特能否"存活"下来呢?实验给出的回答是肯定的。研究人员利用光子的极化做编码,海水是一种各向同性介质,因此,不会有很强的退极化效应,这就为极化编码的量子比特穿越海水提供了前提。实验也验证了光子的极化能在海水分子的多次碰撞中存活并传输,任何发生退极化的光子都可以通过滤波的方式予以滤除。

再次,此次实验还利用量子过程层析来刻画海水信道中初末态转化的物理过程,实验结果显示海水信道的综合作用类似于一个单位矩阵,即使经历了海水巨大的信道损耗，只要有少量的单光子存活下来，极化编码的光子只会丢失，而不会发生不可接受的量子比特翻转，仍然可以被用于建立安全密钥。

最后，实验验证了光子的纠缠特性能否在海水信道中保持下来。量子纠缠作为一种重要的资源，被广泛应用于量子信息科学，包括量子通信、量子隐形传态等。因此，研究海水对纠缠源品质的影响，是探索未来海水量子通信实用化非常重要的一步。

综上所述，水下光通信具有数据传输率高的优点，但是水下光通信受环境的影响较大，克服环境的影响是将来水下光通信技术的发展方向。

11.3　海洋电磁波调查

海洋中主要的天然电磁场是地磁场，而占据地磁场99%以上的主磁场，几乎全部起因于地核。另外，地球大气电离层中发生的各种动力学过程，包括来自太阳的等离子流和地球磁圈及电离层的相互作用，不断产生频率范围很宽的电磁波。其中的周期为数分钟以上的，能够穿过海水而达到海底，再穿过海底沉积层，达到上地幔岩石圈甚至更深处。

海水和海底接触处的电化学过程，岩石中的渗透过程，以及海水在岩石中的扩散作用等物理作用和化学作用，在海洋中也能产生电场，其强度可达 100 μVm^{-1}。在浮游植物和细菌的聚集区，也发现有生物电场。

海水的各种较大尺度的运动，如表面长波、内波、潮汐和海流等，都能感应出相应的电磁场。研究海水各种尺度运动所产生的感应电磁场，探求测量它们的方法，进而通过电磁测量来了解海水的各种运动，也是海洋电磁波研究的一个重要方面。

11.3.1　电磁波传播特点

无线电波在海水中衰减严重，频率越高衰减越大。水下实验表明：MOTE 节点发射的无线电波在水下仅能传播 50～120 cm。低频长波无线电波水下实验可以达到 6～8 m 的通信距离。30～300 Hz 的超低频电磁波对海水穿透能力可达 100 多米，但需要很长的接收天线，这在体积较小的水下节点上无法实现。因此，无线电波只能实现短距离的高速通信，不能满足远距离水下组网的要求。

除了海水本身的特性对水下电磁波通信的影响外，海水的运动对水下电磁波通信同样有很大的影响。水下接收点相移分量均值和均方差都与选用电磁波的频率有关。水下接收点相移分量的均值随着接收点的平均深度的增加而线性增大，电场相移分量的均方差大小受海浪的波动大小影响，海浪运动的随机性导致了电场相移分量的标准差呈对数指数分布。

11.3.2　传统的电磁波通信

电磁波作为最常用的信息载体和探知手段，广泛应用于陆上通信、电视、雷达、导航等领域。水下电磁通信可追溯至第一次世界大战期间，当时的法国最先使用电磁波进行了潜艇通信实验。第二次世界大战期间，美国科学研究发展局曾对潜水员间的短距离无线电磁通信进行了研究，但由于水中电磁波的严重衰减，实用的水下电磁通信一度被认为无法实现。

直至20世纪60年代，甚低频（VLF）和超低频（SLF）通信才开始被各国海军大量研究。甚低频的频率范围在 $3\sim30$ kHz，其虽然可覆盖几千米的范围，但仅能为水下 $10\sim15$ m 深度的潜艇提供通信。由反侦查及潜航深度要求，超低频（SLF）通信系统投入研制。SLF系统的频率范围为 $30\sim300$ Hz，美国和俄罗斯等国采用76 Hz和82 Hz附近的典型频率，可实现对水下超过80 m的潜艇进行指挥通信，因此超低频通信承担着重要的战略意义。但是，SLF系统的地基天线达几十千米，拖曳天线长度也超过千米，发射功率为兆瓦级，通信速率低于1 bp，仅能下达简单指令，无法满足高传输速率需求。

11.3.3 无线射频通信

射频（RF）是对频率高于10 kHz，能够辐射到空间中的交流变化的高频电磁波的简称。射频系统的通信质量有很大程度上取决于调制方式的选取。前期的电磁通信通常采用模拟调制技术，极大地限制了系统的性能。近年来，数字通信日益发展。相比于模拟传输系统，数字调制解调具有更强的抗噪声性能、更高的信道损耗容忍度、更直接的处理形式（数字图像等）、更高的安全性，可以支持信源编码与数据压缩、加密等技术，并使用差错控制编码纠正传输误差。使用数字技术可将 -120 dBm 以下的弱信号从存在严重噪声的调制信号中解调出来，在衰减允许的情况下，能够采用更高的工作频率，因此射频技术应用于浅水近距离通信成为可能。这对于满足快速增长的近距离高速信息交换需求，具有重大的意义。对比其他近距离水下通信技术，射频技术具有多项优势：

（1）通信速率高。可以实现水下近距离、高速率的无线双工通信。近距离无线射频通信可采用远高于水声通信（50 kHz以下）和甚低频通信（30 kHz以下）的载波频率。若利用500 kHz以上的工作频率，配合正交幅度调制（QAM）或多载波调制技术，将使100 kbps以上的数据的高速传输成为可能。

（2）抗噪声能力强。不受近水水域海浪噪声、工业噪声以及自然光辐射等干扰，在浑浊、低可见度的恶劣水下环境中，水下高速电磁通信的优势尤其明显。

（3）水下电磁波的传播速度快，传输延迟低。频率高于10 kHz的电磁波，其传播速度比声波高100倍以上，且随着频率的增加，水下电磁波的传播速度迅速增加。由此可知，电磁通信将具有较低的延迟，受多径效应和多普勒展宽的影响远远小于水声通信。

（4）低的界面及障碍物影响。可轻易穿透水与空气分界面，甚至油层与浮冰层，实现水下与岸上通信。对于随机的自然与人为遮挡，采用电磁技术都可与阴影区内单元顺利建立通信连接。

（5）无须精确对准，系统结构简单。与激光通信相比，电磁通信的对准要求明显降低，无须精确的对准与跟踪环节，省去复杂的机械调节与转动单元，因此电磁系统体积小，利于安装与维护。

（6）功耗低，供电方便。电磁通信的高传输比特率使得单位数据量的传输时间减少，功耗降低。同时，若采用磁耦合天线，可实现无硬连接的高效电磁能量传输，大大增加了水下封闭单元的工作时间，有利于分布式传感网络应用。

（7）安全性高。对于军事上已广泛采用的水声对抗干扰免疫。除此之外，电磁波较高的水下衰减，能够提高水下通信的安全性。

（8）对水生生物无影响。更加有利于生态保护。

11.3.4 电磁波通信前景

水下低频射频通信虽然能实现长距离通信，但其发信台站十分庞大，天线极长，抗毁能力差。1000 km 波长的超长波电台，一般都用 1/8 波长天线，天线长度达到 125 km。例如，美国 1986 年建成并投入使用的超长波电台天线横亘 135 km。

近年来，美国在水下声通信基础技术领域取得了丰硕的成果，编码技术、信道均衡技术、纠错及安全传输方面均取得重大进展。同时在电磁通信、光通信等非声通信基础技术领域也开展了大量的研究工作，取得了一定的进展，为后续方案设计和研发奠定了良好的基础。2016 年末至 2017 年初，美海军和 DARPA 等机构，面对实际作战场景，在水下声通信、无线电通信、光通信等领域均部署了重大应用项目。一方面得益于近年来基础技术的积累，另一方面充分利用海军、DARPA 这些擅于利用创新思维、攻克瓶颈技术、形成颠覆性作战能力的机构的优势，未来很可能突破水下通信和跨域通信的瓶颈。

虽然电磁波在水中的衰减较大，但受水文条件影响甚微，这使得水下电磁波通信相当稳定。水下电磁波通信的发展趋势为：既要提高发射天线辐射效率，又要增加发射天线的等效带宽，使之在增加辐射场强的同时提高传输速率；应用微弱信号放大和检测技术，抑制和处理内部和外部的噪声干扰；优选调制解调技术和编译码技术来提高接收机的灵敏度和可靠性。此外，已有些学者在研究超窄带理论与技术，力争获得更高的频带利用率；也有学者正寻求能否突破香农极限的科学依据。

第十二章 海洋化学调查

12.1 概 述

12.1.1 调查目的

海水化学要素调查是为了查清海水化学要素在海洋中的时间分布和变化规律,为海洋资源开发、海洋环境保护、海洋水文预报和有关科学研究提供依据和基本资料。

12.1.2 调查类型

海水化学要素调查可分为常规项目调查和特殊项目调查。海水化学常规调查项目主要包括溶解氧、pH、总碱度与氯以及营养盐(活性硅酸盐、活性磷酸盐、亚硝酸盐、硝酸盐、氨);而一些特殊的环境调查(如核电厂址环境调查)则需要调查更多的海水化学项目,称之为特殊项目调查,除常规调查项目外,还经常包括重金属(总砷、铜、铅、镉、锌等)、油类、固体物、氰化物、透明度、大肠菌群等。

12.1.3 水样采集

12.1.3.1 采样原则

(1) 应根据项目的需要,选用合适的采水器械,并清洗干净。
(2) 为了避免船对水体的扰动,到站后应待船停稳后采样。
(3) 采水位置应避开船上排污口,或调查船在到达预定站位后,必须停止排污,防止水样及水下仪器被污染。

12.1.3.2 采样层次

海洋化学分析的水样一般按照表12–1所示的标准层次进行采样。

表12–1 海洋化学的水样采集层次

水 深	标 准 层 次
<50 m	表层,5 m,10 m,20 m,30 m,底层
>50 m	表层,5 m,10 m,30 m,50 m,75 m,100 m,150 m,200 m,300 m,400 m,500 m,600 m,800 m,1000 m,1200 m,1500 m,2000 m,2500 m,3000 m(以下每千米加一层,直至底层)

注:表层通常指水面下约1 m的水层。

12.2 海洋化学调查研究进展

12.2.1 海水营养盐

海水中的营养盐是海洋浮游植物生长繁殖所必需的成分，也是海洋初级生产力和食物链的基础。因此，海水营养盐一直是化学海洋学研究的重要内容。

海水中硝酸盐的分析，通过加入人工海盐，利用没有盐误差的锌-镉还原法可以较好地实现。在总氮及总磷的分析中，用过硫酸钾法氧化后，采用自动分析，同时测定水样中的硝酸盐和磷酸盐。采用连续流动分析系统和紫外消化及水浴装置，是目前基于常规连续流动分析系统测定海水中溶解态总磷的最优方案。流动注射-气体扩散法，靛酚蓝光度法已发展为测定氨氮的两种新技术。海水中低含量氨氮可用高灵敏度荧光法测定。

12.2.2 二氧化碳系统参数

碳循环是海洋物质循环研究的主要内容，是海洋生命活动的基础。工业革命后，大气中 CO_2 的浓度急剧增加，气候变暖，这些生态系统的变化使人们对碳循环的研究愈加重视。

总有机碳（TOC）分析仪的不断改进使得溶解无机碳（DIC）、溶解有机碳（DOC）和颗粒态有机碳（POC）等 CO_2 系统参数的测定变得简便。如将海水样品酸化，使海水中的 DIC 转化为 CO_2，用 Li-Cor 6262 非色散红外检测器测定 CO_2 体系；将置于特殊腔体中的光纤传感器用于海洋站位 P_{CO_2}、P_{O_2} 等参数的测定。P_{CO_2} 的测定研究较为活跃，自制平衡器-GC 法、特制水气平衡器红外分析系统、微米级 P_{CO_2} 微电极、膜分离技术与流动注射分析相结合的 P_{CO_2} 流通式光度法等多种测定 P_{CO_2} 的方法应运而生，极大地丰富了 P_{CO_2} 的测量技术。

12.2.3 海水痕量有机物

迄今为止，人们对海水中的溶解有机物的认识还相当有限，70% 以上的有机物还未能确定其成分，只是用 DOC 来表征有机物的量，揭示其浓度梯度变化。如何定性定量这些超痕量的溶解态有机物，曾是研究有机碳循环的主要障碍。因为分析海水中特殊有机化合物时需要大量的样品且前处理费时。但近年来，这些方法有了很大的改进。

测定海水中二甲基硫（DMS）时，采用 DMS 渗透管作为标准，可提高其准确性，而用吹扫-捕集法处理海水样品，GC/PFPD 检测时，回收率为 85%，最低检出限为 $0.01\ mg \cdot L^{-1}$。在氨基酸、烃类等的测定中，新建立了一种用 SPME-GC 快速分析水中酚类化合物、苯系化合物的方法，并用于海水样品的测定。甲烷是温室效应气体之一，气相色谱法可测定海水中溶存甲烷浓度。另外，将海水溶解气体用真空脱气法脱出并用

MAT-271 质谱仪测定组分，用 MAT-252 质谱仪测定甲、乙、丙烷的碳同位素值，从而测量上层海水的溶解甲烷。

对于海水中痕量有机物的分析而言，样品的污染是最严重的问题。现场自动分析器或化学传感器的使用可以减少因样品运输和储存造成的样品污染，从而提高海水中痕量有机物的分析精度。

12.2.4 化学示踪及同位素

海洋中的生物、化学过程无不受到海洋物理过程的影响，利用那些与总浓度变化和海水的变化有很好相关性的化学物质，作为示踪物质进行研究，已被证实为一种有效的方法。现有的示踪物质多为有适当半衰期的放射性物质或是一些人造化合物，它们有很好的时间相关性和功能相关性。然而它们多以极低的浓度存在，这就需要通过先进的分析仪器和优良的污染控制措施来实现。

在示踪物质方面，氯氟烃和 ^{14}C 是两种常用的测定深海循环类型和速率的化学示踪物质。分析手段方面，自 GC/ECD 诞生以后，海水中氯氟烃浓度通常用吹扫-捕集 GC/ECD 法测定。由于其极高的灵敏度，该方法目前可以准确测定海水中 0.005 pmol·L^{-1} 的氯氟烃。^{14}C 是得益于现代分析技术的另一种海洋示踪物质，可用来测定海洋的搬运作用。加速器质谱技术的发展，使得该测定方法可以直接用于深海和沉积物样品的测定。

放射性同位素可以指示海洋中化合物的混合和迁移。^{238}U 与 ^{234}Th 的比值可以被用来研究颗粒物在水中的移去速率，通过测定其他与此有关的元素与颗粒物所带 Th 的量，可以计算出不同元素的去除速率。

化学示踪及同位素分析随着 GC/ECD 等分析技术的发展，对地化循环的动力学研究起到了不可估量的作用，找到更多的合适的示踪元素来探究海洋中特定污染物的来源及迁移转化将是化学示踪的发展趋势。

12.3 海洋化学要素调查

12.3.1 常规调查项目

海水化学常规调查项目主要包括：溶解氧、pH、总碱度与氯以及营养盐（活性硅酸盐、活性磷酸盐、亚硝酸盐、硝酸盐、氨）。常规调查的目的是为了了解海水化学要素在海洋中的时间、空间分布及变化规律。常规调查要素的采样要求如下，过去主要是采样后在实验室内分析。

12.3.1.1 溶解氧

（1）水样瓶为容积约 120 mL 的棕色磨口硬质玻璃瓶，瓶塞应为斜平底。

（2）每层水样装取两瓶。

（3）装取方法：将乳胶管的一端接上玻璃管，另一端套在采水器的出水口，放出少量水样冲洗水样瓶两次。将玻璃管插到分样瓶底部，慢慢注入水样。待水样装满并溢出约为瓶子体积的 1/2 时，将玻璃管慢慢抽出，立即用自动加液器（管尖靠近液面）依次注入 10 mL 氯化锰溶液和 10 mL 碱性碘化钾溶液。塞紧瓶塞并用手抓住瓶塞和瓶底，将瓶缓慢地上下颠倒 20 次，浸泡在水中，允许存放 24 h。

12.3.1.2　pH

（1）水样瓶为容积 50 mL 的双层盖聚乙烯瓶。

（2）装取方法。用少量水样冲洗水样瓶 2 次，慢慢地将瓶充满，立即盖紧瓶塞，置于室内，待水样温度接近室温时进行测定。如果加入 1 滴氯化汞溶液固定，盖好瓶盖，混合均匀，允许保存 24 h。

12.3.1.3　总碱度、氯度

（1）水样瓶为容积 250 mL、平底的硬质玻璃瓶。初次使用前，要用 1.0% 盐酸溶液或天然海水浸泡 24 h，然后冲洗干净。

（2）装取方法：用少量水样冲洗水样瓶两次，然后装取水样约 100 mL（如需测定氯度应加采水样 100 mL），立即塞紧瓶塞，应在 24 h 内测定完毕。

12.3.1.4　营养盐

（1）水样瓶为容积 500 mL、双层盖、高密度聚乙烯瓶。初次使用前，必须用 1.0% 盐酸或天然海水浸浸泡 24 h，然后冲洗干净。

（2）滤膜处理：孔径为 0.45 μm 的混合纤维素酯微孔滤膜，使用前先用浓度为 1.0% 的盐酸浸泡 12 h，然后用蒸馏水洗至中性并浸泡。每批膜在使用之前，均必须进行空白试验。

（3）装取方法：用少量水样冲洗水样瓶两次，然后装取水样 500 mL，立即用处理过的 0.45 μm 的微孔滤膜过滤；若需保存，应加入占试样体积 0.2% 的三氯甲烷，盖好瓶塞，剧烈摇荡约 1 min，放在冰箱或冰桶内于 4～6 ℃ 低温保存，水样允许保存 24 h。

12.3.2　海洋化学要素原位调查

原位监测技术是指对海水环境或化学要素进行现场直接测量，不需要采集样品或带回实验室分析，这样便于实现海洋化学要素的长期、连续、多要素同步测量。

12.3.2.1　营养盐现场测量

海水中可溶性的无机氮、磷和硅是海洋生物赖以生存的必需营养要素，但若营养要素富集，将伴随着藻类异常增殖，形成富营养化。通常，海水中亚硝酸盐的浓度随着浮游植物和生物群落的活动状况而变化，这一现象不仅可反映海洋生物的活动规律，而且有助于了解水文及水系的混合状况；海水中磷酸盐的浓度过高可能引起赤潮的发生，它可以作为富营养化指标之一。

过去很长一段时间，海水营养盐测量分析是按照海洋监测规范，进行现场采样和实验室分析。这种传统方法的问题是难以避免样品在运输、保存过程中发生质变，及实验室分析过程中的人工误差引入。近年来，大量现场监测仪器的问世，给营养盐的现场测量带来了可能。例如，加拿大 Satlantic 公司的水下硝酸盐仪 ISUS，基于紫外吸收光谱分析技术，采用无泵式设计，可直接在现场取得实时的、高精度的硝酸盐浓度数据；加拿

大 RBR 公司的多参数水质剖面仪 RBRmaestro，以高达 6 Hz 的采样频率，实现温度、电导、深度、溶解氧、浊度、叶绿素、pH、CDOM、罗丹明荧光染料、水中油、有效光合作用辐照强度（PAR）、透射率、硝酸盐、甲烷、二氧化碳等十多个参数的同步测量；海/陆生物地球化学观测站（LOBO）、YSI 水质仪等也可以提供类似的多参数水质现场监测。

12.3.2.2 二氧化碳现场测量

二氧化碳在全球碳酸盐体系的生物化学和物理循环中扮演着重要角色，实现海水中二氧化碳的现场快速测量对于全球二氧化碳变化和海洋渔业生产都具有重大意义。

海水中二氧化碳体系的平衡移动受到水体混合、海－气二氧化碳交换、生物的光合和呼吸作用、有机质的氧化分解、碳酸盐的沉淀与溶解等因素的综合影响，较为复杂。海水中的碳以多种形式存在，大致可分为无机碳和有机碳，而各自又可分成颗粒和溶解两种形态。溶解性无机碳即通常所指的总二氧化碳，是海水中碳的主要存在形式，是溶解二氧化碳、碳酸、碳酸氢根和碳酸根这 4 种形式含量的总和。一般而言，海水中总二氧化碳约为 2 mmol·kg^{-1}，比溶解有机碳（DOC）含量高一个数量级，比颗粒碳也高很多。

目前，研究水体二氧化碳体系主要有两种方法，一种是通过水样的 pH、碱度以及水温和盐度进行间接计算；另一种是直接测定水样的总二氧化碳与溶解二氧化碳。

（1）间接测量原理。海洋大气中的二氧化碳，当溶于水时一部分与水反应生成弱碳酸。海水中存在的碳酸氢根、碳酸根和溶解二氧化碳的浓度，各组分占海水中总二氧化碳的百分比随季节的变化有所不同。自然界水体中二氧化碳的来源是基于 pH 的碳酸氢根平衡，水体中溶解的二氧化碳浓度间接地取决于 pH 与碳酸氢根浓度的对应关系。二氧化碳与碳酸氢根离子在 pH 为 4.4～8.2 的区间内保持平衡，pH 为 4.4 时碱性物均为二氧化碳，pH 为 8.2 时碱性物均为碳酸氢根。根据海水中二氧化碳各组分浓度占总二氧化碳的百分比，通过测量碳酸根浓度与 pH 来计算海水中溶解的二氧化碳浓度。这种方法所用参数较易获得，因此，为不少学者所采用，但这种测量方法随季节的变化各组分浓度的百分比也会随之发生变化，所以其精度很低且漂移量较大。

（2）直接测量原理。目前，直接测量海水中溶解的二氧化碳浓度的方法有滴定法、电极法、混合敏感膜法、光纤化学及非色散红外光度法。滴定法是通过一系列的化学反应来测量海水中溶解的二氧化碳含量。该方法仪器、试剂携带不便，操作烦琐，影响因素多，容易受到其他离子的干扰，干扰离子多达几十种，造成结果不准确，不适合现场即时分析。

电极法是一种电化学的方法，利用检测水中溶解二氧化碳引起的 pH 的变化实现测量。这种方法可以对浑浊或复杂的水样进行检测，但是二氧化碳电极不是全固态器件，体积较大，测量时水中脂肪酸盐、油状物质、悬浮固体或沉淀物能覆盖于电极表面致使响应迟缓，因此，电极膜需要定期更换。

混合敏感膜法是基于碳糊成膜的方法，在裸露栅极的 MISFET 器件的绝缘栅上涂覆 Pt-NiO 混合膜，水中溶解的二氧化碳分子引起 NiO 敏感膜功函数发生变化，从而改变器件的阀值电压 V_r，随着水中溶解二氧化碳含量的不同，V_r 也随之发生变化，这样通过

测量 ΔV_r，即可测得水中溶解的二氧化碳含量。这种方法可方便地检测溶解二氧化碳的浓度，并且 Pt-NiO 混合膜对溶解二氧化碳有着较高的敏感性。但此种方法制作工艺和计算较为复杂。

二氧化碳光纤化学的测量原理是样品中离子态或自由态的二氧化碳通过选择性透过膜进入光纤探头后，导致指示剂溶液 pH 变化而使其中原有的敏感试剂发出荧光或引起透射光强度的变化，信号经光纤传导至检测器测量。此类传感器亦称为基于指示剂的光纤化学传感器（ROCS）。大部分 ROCS 均将比色或荧光试剂封装在光导纤维的末端，用来封装试剂的膜起保护试剂、选择性透过样品等作用，样品的浓度可以简单地通过光强变化来定量。目前，研制的此类传感器更换试剂较复杂，不能满足高精度、长期连续自动监测的要求。

还有一种新型光纤化学二氧化碳测量方法解决了上述问题，采用长光程及程序控制自动更换指示剂缓冲溶液技术，样品中的二氧化碳通过扩散，穿透采用具有高气体可透过性和低折射率的无定型聚四氟乙烯（Teflon AF）材料制成的波导纤维管壁，进入指示剂缓冲溶液，并发生水合、离解、显色等反应，光源发出的光经过光导纤维传输到 Teflon AF 波导纤维管内，通过达到交换、反应平衡的指示剂缓冲溶液后再经由光导纤维将信号传输到检测器，根据检测到的信号即可计算出样品中溶解的二氧化碳含量。

光纤化学法可广泛应用于环境监测、生物及临床医学、工业生产等领域，但这种方法在检测部分都使用单波长进行测定，对工作条件要求高，并对于长期观测缺乏足够快的反应平衡时间，而某些达到精度和响应要求的传感器则稳定性欠佳，不适合在海洋环境中自动连续工作。

红外分析方法既可以用来测量海洋大气中的二氧化碳，也可以用来监测海水中溶解的二氧化碳含量，其测量原理是基于气体的吸收光谱随物质的不同而存在差异，红外光能够激发分子跃迁到高能级，因此来自红外光的热能能够储存到气体中。具有非对称双原子或多原子分子结构的气体（如 CH_4，CO_2，CO，SO_2，NO 等），在中红外波段均有特征吸收光谱，不同气体分子化学结构不同，对不同波长的红外辐射的吸收程度就不同。因此，不同波长的红外辐射依次照射到样品物质时，某些波长的辐射能被样品物质选择吸收而变弱，产生红外吸收光谱，由于气体分子对红外光的吸收作用只发生在以红外光的某个波长点为中心的小区间内，并且不同气体的吸收峰在不同的波长点上，故当知道某种物质的红外吸收光谱时，便能从中获得该物质在红外区的吸收峰。根据气体选择性吸收理论，当光源的发射波长与气体的吸收波长相吻合时，就会发生共振吸收，同一种物质不同浓度时，在同一吸收峰位置有不同的吸收强度，吸收强度与浓度成正比关系。通过检测气体对光的波长和强度的影响，便可以确定气体的浓度。

国内已经开展了基于光纤化学和红外分析等原理的海水二氧化碳的监测技术研究，但目前市场上可用于测量海水中二氧化碳含量的传感器绝大多数都是国外的产品，其中包括：挪威 Kongsberg Maritime 公司生产的 CONTROS HydroC 型水中二氧化碳传感器（图 12-1a），它广泛应用于海洋调查、温室效应研究、海洋监测、环境监测、环境水质和废水处理厂的监测等领域；加拿大 Pro-Oceanus 公司生产的 CO_2-Pro^{TM} 型水下二氧化碳测量仪（图 12-1b），它有三种工作模式，即走航测量、实验室测量和锚系潜标测量

（耐压深度可达 1000 m），其内部带有红外线探测器（IR Detector）和最新的 PSI 水泵驱动快速测量界面；美国理加联合科技有限公司生产的深海气体分析仪，提供了深达 2000 m 以上的海水多种气体浓度的准确测量功能，仪器采用了膜式气体分离器，可以测量诸如甲烷、二氧化碳、碳同位素、氧气、水同位素等气体浓度，通过使用内置电池、气体操作系统和数据存储器等设置，仪器实现了自记录的遥控操作，主要的应用包括海洋水体的碳吸存（carbon sequestration）、甲烷水合研究与水热排放效应分析等研究。

（a）CONTROS HydroC CO_2　　　　　　（b）CO_2-Pro™

图 12-1　海水二氧化碳现场在线监测传感器

第十三章　海洋生物调查

13.1　概　　述

13.1.1　目的和任务

海洋生物是海洋有机物质的生产者，广泛参与海洋中的物质循环和能量交换，对其他海洋环境要素有着重要的影响。海洋生物调查的主要目的是为海洋生物资源的合理开发利用、海洋环境保护、国防及海上工程设施和科学研究等提供基本资料。海洋生物调查的任务是查清调查海区的生物的种类、数量分布和变化规律。

13.1.2　调查的项目

海洋生物调查的项目一般如下：

（1）叶绿素。叶绿素是自养植物细胞中一类很重要的色素，是植物进行光合作用时吸收和传递光能的主要物质。叶绿素 a 是其中的主要色素。Chl a 表示海水中的叶绿素量。

（2）初级生产力。单位时间内，单位体积海水中（或单位面积海区内）浮游植物同化无机碳的能力。生产力指数：单位时间内，单位叶绿素 a 同化无机碳的能力。

（3）海洋微生物。一群个体微小、结构简单、生理类型多样的单细胞或多细胞生物。

（4）浮游生物。缺乏发达的运动器官，运动能力很弱，只能随水流移动，被动地漂浮于水层中的生物群。

（5）底栖生物。生活于海洋基底表面或沉积物中生物的总称。依个体大小，被孔宽为 5 mm 套筛网目所阻留的生物，称为大型底栖生物；凡能通过孔宽为 0.5 mm 套筛网目而被孔宽为 0.042 mm 套筛网目所阻留的生物，称为小型底栖生物。

（6）污损生物。生活于船底及水中各种设施表面的生物称为污损生物，这类生物一般是有害的。

（7）游泳动物。具有发达的运动器官，能自由游动，善于更换栖息场所的一类动物的总称。

（8）潮间带生物。为栖息于近岸的最高高潮线至最低低潮线之间的海岸带（潮间带）的一切动植物的总称。

13.1.3 采样方法

不同的海洋生物调查对象,其样本的采集方式也有所不同,一般有如下几种采样形式:

(1) 采水样。采样层次见表 13-1。它适用于叶绿素浓度和初级生产力、微生物、浮游生物等项采样。

表 13-1 海洋生物的水样采集层次

测站水深范围/m	标 准 层 次	底层与相邻标准层的最小距离/m
<15	表层,5 m,10 m,底层	2
15～50	表层,5 m,10 m,30 m,底层	2
50～100	表层,5 m,10 m,30 m,50 m,75 m,底层	5
100～200	表层,5 m,10 m,30 m,50 m,75 m,100 m,150 m,底层	10
>200	表层,5 m,10 m,30 m,50 m,75 m,100 m,150 m,200 m,底层	10

一般来说,表 13-1 中的表层指海面下 0.5 m 深度以内的水层;当水深小于 50 m 时,底层为离底 2 m 的水层;当水深在 50～200 m 时,底层离底的距离为水深的 4%。

(2) 拖网。适用于底栖生物、浮游生物和游泳动物等项采样(图 13-1)。

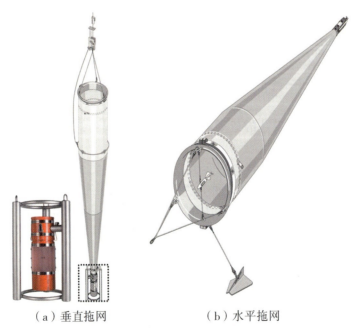

(a) 垂直拖网　　　　　(b) 水平拖网

图 13-1　水平与垂直形式的海洋浮游生物网

（3）采泥。适用于微生物、底栖生物采样。

（4）挂板和水面或水中设施上采样。适用于污损生物采样。

13.1.4　调查时间

（1）逐月调查。

（2）季度调查。一般是 2 月（冬），5 月（春），8 月（夏），11 月（秋）。各季调查的时间间隔应基本相等。若有特殊要求，应酌情增加调查次数。

13.1.5　主要仪器设备

海洋生物调查和分析主要有采水器，底质采样器，荧光计，分光光度计，液闪计数仪，各种网具及附件，生物分类鉴定、计数、测定、称量器械，离心、干燥、冷藏、烘干等设备。

13.2　叶绿素与初级生产力

13.2.1　叶绿素 a

叶绿素主要吸收红外光 640～660 nm 的红色光部分和 440～480 nm 的蓝紫色光部分，绿光吸收很少，大部分被反射，因此，呈绿色。

若采水样进行叶绿素分析，则按表 13-1 所示的标准层位进行采样，条件允许则可在跃层上、跃层中、跃层下加密采样。其中，富营养海区采水量为 50～100 mL，中营养海区采水量为 200～500 mL，寡营养海区采水量为 500～1000 mL。

采样完成后，采用 0.65 nm 孔径、直径 25 mm 的聚碳酸酯微孔滤膜抽滤，滤膜应在 1 h 内提取。若不具备立即提取测量的条件，可存于低温冰箱（-20 ℃），保存期为 60 d，放入液氮中保存期可为 1 年。

叶绿素 a 的提取一般采用荧光萃取法，即叶绿素 a 的丙酮萃取液受蓝光激发产生红色荧光，过滤一定体积的海水（主要过滤的是浮游植物），用 90% 的丙酮溶液提取其色素，使用荧光计测定提取液酸化前后的荧光值，计算出叶绿素 a 的浓度。除荧光萃取法外，还可采用分光光度法和高效液相色谱（high performance liquicl chromatograply，HPLC）等方法测定。

蓝色的海洋标志着缺乏叶绿素，水生植物量低；绿色的海洋则反映水生植物旺盛，可以依此确定海水中叶绿素浓度的分布，因此，叶绿素也可借用水色遥感卫星进行观测。

13.2.2　初级生产力

初级生产力的测定首先需要在不同光强的水深处（即光强分别为表层光强 100%，50%，30%，5% 和 1% 的深度）采集水样，采水器应选择不透光且没有铜制部件的设备，避免阳光直接照射。

按照预定深度采样后，尽快在弱光下将水样用孔径为 180 μm 左右的筛绢过滤，并分装到相应层次的培养瓶中。每层样品要用两个白瓶和一个黑瓶，第一层和第四层样品还应各分装一个零时间培养瓶。在每个培养瓶中加入相同体积的 ^{14}C 工作液，在模拟设定的现场温度和光照条件下培养一定时间（2～24 h），并尽量接近当地中午时间。

根据 ^{14}C 示踪原理测定，即一定量的放射性碳酸氢盐或碳酸盐加入到已知 CO_2 总浓度的海水样品中，经一段时间培养，测定浮游植物细胞内有机碳的量，即可计算浮游植物通过光合作用合成有机碳的量。另外，用液体闪烁计数仪进行放射性活性炭的测定，也可计算海水样品的初级生产力。

13.3　海洋微生物

海洋微生物的调查内容一般包括海洋微生物的现存量及活性，现存量是指病毒、细菌总数与其他微生物类群（如放线菌、酵母、霉菌等）的丰度等；活性是指细菌生产力、微生物异养活性、生态呼吸率等。

样品的采集可分为水样采集与泥样采集，水样采集按标准层次处理；泥样采集可用箱式取样器或多通道采泥器，用无菌工具从预定层次取 10～20 g 样品，置于无菌容器。样品应在采样后 2 h 内处理，若暂存冰箱，不得超过 24 h。

微生物计数一般包括两种方法：直接计数法和培养计数法，前者是采用荧光显微镜/流式细胞仪计数；后者是采用固体或液体培养基培养。另外，微生物活性测定包括细菌生产力测定和微生物异养活性测定。

13.4　浮游生物

浮游生物可以分为超微型浮游生物、微型浮游生物、小型浮游生物、中型浮游生物、大型浮游生物、巨型浮游生物。浮游生物调查内容包括种类组成与数量分布。

13.4.1　超微型浮游生物

超微型浮游生物的大小一般在 0.2～2.0 μm，包括异养细菌和自养型生物。超微型光合浮游生物包括蓝细菌和超微型光合真核生物。

按规定水层对超微型浮游生物的样品进行采集，每层采集 50～200 mL 水样，用浓度 1% 的多聚甲醛溶液固定，液氮保存。

实验室内取定量样品通过直径 25 mm、孔径为 0.2 μm 的黑色核孔滤膜抽滤。将滤膜置于载玻片上，在落射荧光显微镜下使用绿光或蓝光激发，分别计算具有光亮的橘黄色荧光的含藻红蛋白的聚球藻细胞和呈砖红色荧光的含叶绿素的超微型光合真核生物细胞；根据计数值计算丰度。

13.4.2　海洋微型浮游生物

海洋微型浮游生物的大小一般在 20～20 μm，包括微型金藻、微型甲藻、微型硅藻、无壳纤毛虫和领鞭虫等。

按规定水层和规定量对海洋微型浮游生物的样品进行采集，每升水样加入 10～15 mL 鲁哥氏液（将 100 g 碘化钾溶于 1 L 蒸馏水，加入 50 g 碘使其溶解，再加入 100 mL 冰醋酸制成）固定。

海洋微型浮游生物可采用沉降计数法或浓缩计数法直接在显微镜下鉴定计数，根据计数值计算丰度。

13.4.3　海洋小型浮游生物

海洋微小浮游生物的大小一般在 20～200 μm，包括浮游植物、无壳纤毛虫、砂壳纤毛虫、轮虫、桡足类幼虫、放射虫和有孔虫等。主要调查对象一般针对小型浮游植物。

按规定水层对海洋小型浮游生物的样品进行采集，每层采水 500～1000 mL，用鲁哥氏液固定；样品处理、分类鉴定与计数，处理方式同微型浮游生物。若采用拖网采样，则一般用浅水型Ⅲ型或小型浮游生物网采集。

根据样品单位水体细胞数（cells·mL^{-1}）进行海洋小型浮游生物的丰度计算。在此基础上绘制丰度分布图和优势种平面分布图。

13.4.4　海洋大、中型浮游生物

海洋大、中型浮游生物采用不同的网具进行采样，30 m 以浅的水域可采用浅水Ⅰ型和浅水型Ⅱ型浮游生物网，30 m 以深的水域可采用中型或大型浮游生物网，其工作方式见图 13-2。

采用 5% 中性甲醛海水溶液固定浮游动物；需进行电镜观察的样品，用 2%～5% 的戊二醛溶液固定；采用鲁哥氏液固定浮游植物。

浮游动物一般采单样，供湿重生物量测定后进行种类鉴定与个体计数，若同时要求生物体积分数或干重生物量测定，应同时采双样或三样。

网采浮游植物采用浓缩计数法；浮游动物以大型或浅水Ⅰ型网采样品为准，定量分析；夜光藻以中型网或浅水Ⅱ网为准，但在其个体较小（<200 μm）的季节，应参考小型或浅水Ⅲ型网的采样结果。根据计数值计算海洋大、中型浮游生物的丰度。

13.4.5　巨型浮游生物

巨型浮游生物也称为鱼类浮游生物，调查内容包括鱼卵和仔鱼、稚鱼的种类组成和数量分布。

鱼类浮游生物采样网具较丰富，如大型浮游生物网、双鼓网、北太平洋浮游生物标

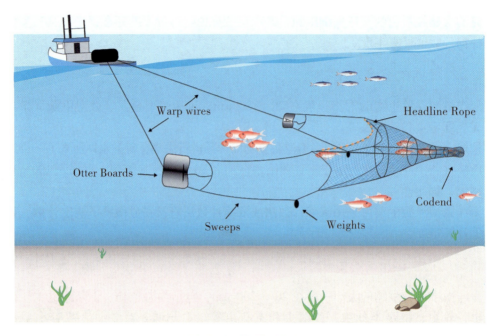

图 13-2 拖网工作方式

准网、WP3 网等。

样品分析时以定量样品为准,定样样品为参考,主要鱼类浮游生物应鉴定到属或科。根据计数值计算丰度。

13.5 大型底栖生物

大型底栖生物调查要素包括大型底栖生物的生物量、栖息密度、种类组成、数量分布及群落结构。大型底栖生物的样品采集方式为采泥或拖网。采泥器可采用抓斗式采泥器或箱式采泥器,样品数与采泥器的面积有关,$0.05 \, m^2$ 的采样器取 5 个样品;$0.1 \, m^2$ 的采样器取 2~4 个样品;$0.25 \, m^2$ 的采样器取 1~2 个样品。若采用拖网采样,可分别选择阿氏拖网、三角形拖网、桁拖网、双刃拖网等进行作业。

样品采集后,对于具有典型生态意义的标本应进行拍照、观察并记录。保存常采用的固定液有中性甲醛溶液、丙三醇乙醇溶液、布因(Bouinn)固定液等。室内样品分析内容包括鉴定、计数,测定湿重生物量。

13.6 游泳生物

游泳生物亦称自游生物，是指能自由游泳的生物，包括鱼类、龟鳖类和鲸、海豚、海豹等在水中生活的哺乳类。根据调查的目的，可分为专题性大面定点调查、资源监测性调查和海洋生物资源声学调查与评估。

调查采用的网具有专用底层拖网、专用变水层拖网、双船底层有翼单囊拖网和单船有翼单囊拖网。在同一项目调查和资源监测性调查中，应注意保持调查船性能和调查网具的性能和规格的一致性。

采样方式包括定性采样和定量采样两种。对于定性采样，一般在海水表层（0～3 m）或其他水层进行水平拖网10～15 min，船速为1～2 kn，所用网具、水层及拖网时间应分别根据调查的目的和调查区域鱼卵和仔、稚鱼密度来决定。该采样方式也可作为定量样品，但网口应系流量计。对于定量采样，采用由海底至海面垂直或倾斜拖网方式，网具为浅水型浮游生物网，落网速度为 $0.5~\mathrm{m\cdot s^{-1}}$，起网速度为 $0.5\sim0.8~\mathrm{m\cdot s^{-1}}$。垂直拖网过程中不得停顿，钢丝绳倾角不得大于45°，否则无效。冲网时应保持较大的水压，确保网中样品全部收入标本瓶。

游泳生物的采样时次有如下要求：水深小于50 m 的每3 h 采样1次，共9次；水深大于50 m 而小于500 m 的每4 h 采样1次，共7次。

从网采浮游生物样品中，用吸管吸取水样放于表面皿中，置于解剖镜下，用解剖镊或小头吸管取出鱼卵、仔鱼，分别放到培养皿中进行分类鉴定和计数。若出现未能分类计数的浮游生物样，应分别放到标本瓶中加3%的甲醛，标注编号保存。

将初步分离的样品逐一进行分类鉴定，要尽可能鉴定到种（幼体除外），并编写名录。将分类后的鱼卵、仔鱼依种或类别计算其数量。

第十四章　海洋地质与地球物理调查

14.1　海洋地质调查概述

海洋地质调查关注的是海水覆盖下的地壳的物质组成和地质构造，也包括海洋地貌学研究的对象，即海水覆盖下的固体地球表面形态特征、成因和分布。地球物理是用物理学的原理和方法，对地球的各种物理场的分布及其变化进行观测，探索地球本体及近地空间的介质结构、物质组成、形成和演化。

当前，海洋地质调查工作主要聚集在三个方面：海洋基础地质调查、海洋资源调查和基础科学研究。基础地质调查主要围绕资源开发和环境保护及海洋权益而进行，工作海区基本为本国的大陆架和专属经济区；资源调查主要方向为滨海砂矿及建筑材料、石油天然气、天然气水合物、多金属结核和富钴结壳资源调查；基础研究主要在地球动力学、沉积动力学、古全球变化、环境地质及灾害地质领域进行科学研究。目前，海洋地质调查除沿用传统的调查技术外，还采用差分全球定位系统、载人深潜器、无人深潜器、自治式机器人和深拖系统等新的高新技术。

根据调查内容来看，海洋地质调查可分为水下地形调查、底质类型调查、地层分布调查、地基承载力调查、地质灾害调查。

14.2　水下地形调查

海底地形地貌作为了解和认识海洋的基本信息，在海洋资源开发、海洋工程建设和海洋权益维护等方面具有重要意义。海底信息的探测是了解海洋空间形态特征、进行海底科学研究的基础。

水深通常是指海面到海底的垂直距离。但海面因为受潮汐、波浪等因素影响，总是起伏变化的。因此，外业测量的瞬时水深常常需要转换为一个相对稳定的基面之下的深度，这个稳定的参考基面，即海洋测量中的深度基准面，它是海洋测量归算和海图图载水深的统一起算面，一般在当地多年平均海平面之下一定深度。世界上各个国家采用的深度基准面各不相同，比如，日本采用略最低低潮面作为深度基准面，美国东海岸、荷兰、瑞典等采用平均低潮面作为深度基准面。中国海区从1956年起采用理论最低潮面（即理论深度基准面）作为深度基准面。理论深度基准面是利用弗拉基米尔斯基方法计算得到的理论上可能出现的最低潮位面，其实质是多个分潮组合可能出现的最低水位。

在无潮海，如波罗的海，通常以平均海平面为深度基准面。平均海平面是某一海域在一定时期内海水面的平均位置，通常由某验潮站相应时期内逐时潮位观测记录数据计算求得。根据推求的时间长度的不同，可分为日均海平面、月均海平面、年均海平面和多年平均海平面。使用较多的多年平均海平面是利用月球升交运动周期 18.6 年的潮位数据计算而来的。多年平均海平面是建立高程系统的基础，我国的高程系统以青岛验潮站多年观测水位的平均值为基准，各个国家的多年平均海平面，或者说高程系统也是不统一的。

由于声波在水中传播的独特优势，目前海底信息的快速获取主要依赖于声学探测设备，包括单波束、多波束和侧扫声呐系统等。当然，传统的直接测深方法还会经常用到，它主要用测深杆、测深绳或钢丝绳等直接丈量海洋的深度，很显然，这种方法只能用于浅海，受海流影响较大，测量精度不高。另外，压力测深也是应用广泛的一种测深方法。

14.2.1 钢丝绳测深

船用绞车，用卷筒缠绕钢丝提升或牵引重物的轻小型起重设备（图 14-1），主要用于海洋仪器（或平台）的升降或平拖，是人类探索海洋的一种重要辅助工具，被广泛用于海洋学调查、海底资源开发、海洋打捞救助以及水下目标探测。

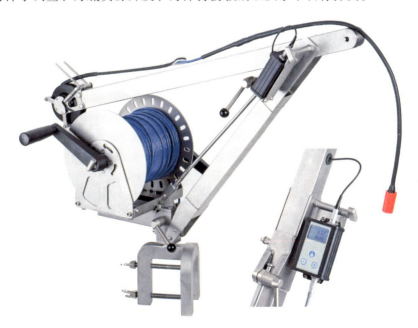

图 14-1　有效载荷 30 kg 的手动/电动小型海洋绞车（HydroBios）

绞车按动力分为手动、电动和液压三类。手动绞车的手柄回转的传动机构上装有制动器（如棘轮和棘爪），可使重物保持在需要工作的位置。手动绞车一般用在起重量小、设施条件较差或无电源的地方。电动绞车广泛应用在工作繁重和所需牵引较大的场所，可分为单卷筒、双卷筒和多卷筒绞车。电动机经减速器带动卷筒，电动机与减速器输入轴之间也装有制动器，用作在需要的位置悬停定位。

根据海洋调查规范规定，当钢丝绳倾角超过 15°，应使用余弦函数方法进行倾角订正。同时需要注意的是，在绞车操作过程时，尤其是手动绞车，应注意检查绞车是否安装牢固，钢丝绳有无挤伤或扭折，熟悉绞车的开停、快慢操作，以避免操作过程可能引起的伤害。

14.2.2　声学测深

14.2.2.1　回声测深

20 世纪初，人们发明了用高频声波探测潜艇的方法，后来用到海洋测深中，即现代回声测深方法。回声测深就是由声学传感器向海底发射声波，声波到达海底后反射回来被水面接收装置接收，通过测定声波发射和接收的时间间隔，即可计算海面至海底的距离。其基本原理可表示为：

$$D = \frac{1}{2} c_m \Delta t \tag{14-1}$$

式中，c_m 为声波的传播速度；Δt 为声波传播的时间。

声波是纵波，传播方向与介质的振动方向相同。其传播的速度与介质的性质和状态有关。在海水中，影响声波传播速度的温度、盐度和静水压力，声速可用上述三个变量表示为：

$$\begin{aligned} c_m = {} & 1449.2 + 4.6T - 0.055T^2 + 0.00029T^3 \\ & + (1.34 - 0.01T)(S - 35) + 0.168P \end{aligned} \tag{14-2}$$

式中，T 为温度，℃；S 为盐度，psu；P 为表水压力（标准大气压）。海水的声速介于 $1460 \sim 1540 \text{ m} \cdot \text{s}^{-1}$。

完成现场水深测量后，还需要进行必要的改正，即通过对仪器系统误差、声速改正、动态吃水改正、水位（潮汐）的改正后，将瞬时水深转换至图载水深。

14.2.2.2　双频测深

顾名思义，双频测深是指利用两个不同的声学频率进行深底探测。设置于船底的传感器将电能转换为声能向海底发射，遇到海底后，声能以回波形式返回海面船上的接收器，接收器再将声能转换为电能，供给电子元件记录。

以美国 ODOM 公司生产的双频测深仪 Echotrac MK Ⅲ 为例，高频在 100 ～ 750 kHz 范围内可调，低频在 10 ～ 50 kHz 范围内可调，最大发射周期为 20 秒/次。

双频测深仪的工作原理同单频测深仪一样，主要用于近岸水域水深的精密测量，同时也可定性地观察水底厚度及分析底质状况，可与涌浪补偿器、DGPS、计算机及其他自动测量设备相连接以实现自动化测量。

回声测深仪主要由发射器、接收器、传感器、显示设备的电源组成。其中，发射器在中央控制器的作用下，周期性地产生一定频率、一定脉冲宽度、一定电功率的电振荡脉冲。接收器则负责接收反射回来的微弱回波信号，将其检测放大，送入显示设备。传感器的作用是负责能量转换，发射传感器是一个将电能转换为机械能、再由机械能通过弹性介质转换成声能的电-声转换装置，接收传感器则是一个声-电转换装置。

14.2.2.3 多波束测深

从沿用了千年的竹竿、铅垂到第一次世界大战后 20 世纪 20 年代出现的单波束回声测深仪，再到 20 世纪 60 年代出现的多波束测深声呐，海底深度测量设备与技术在现代水声、电子、计算机、信号处理技术蓬勃发展的背景下产生了质的飞跃。多波束测深实现了海底地形地貌的宽覆盖、高分辨探测，把测深技术从"点-线"测量变成"线-面"测量，促进了海底三维地形的测量效率和海底遥测质量的大幅度提高。

多波束测深声呐（multi-beam bathymetric sonar），又称条带测深声呐（Swath bathymetric sonar）或多波束回声测深仪（multi-beam echo sounder）等，其原理是利用发射换能器基阵以沿垂直航迹方向的开角度（θ），向海底发射宽覆盖扇区的声波，形成一个扇形声传播区。接收换能器基阵对海底回波进行窄波束接收，如图 14-2 所示。沿航迹方向的波束宽度，取决于仪器使用的纵摇稳定方法。单个发射波束与接收波束的交叉区域称为脚印（footprint）。一个发射和接收循环通常称为一个声脉冲，每个声脉冲包含数十至数百个波束。一个声脉冲获得的所有脚印覆盖宽度称为一个测幅，通过对每个测幅的脚印内的反向散射信号进行到达时间和到达角度的估计，再结合声速剖面数据即可计算该点的水深值。

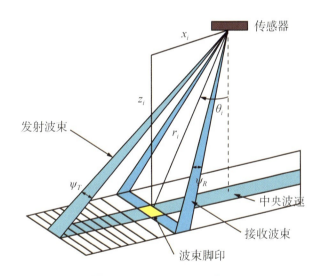

图 14-2 多波束测深原理

建立一个船体坐标系，原点位于换能器中心，x 轴指向航向，z 轴垂直向下，y 轴指向侧向。波束脚印在船体坐标系下的点位（x, y, z）可表达为：

$$z = z_0 + \sum_{i=1}^{N} C_i \cos\theta_i \Delta t_i$$

$$y = y_0 + \sum_{i=1}^{N} C_i \sin\theta_i \Delta t_i$$

$$x = 0 \tag{14-3}$$

式中，θ_i 为波束在层表层处的入射角，C_i 和 Δt_i 为波束在层内的声速和传播时间。上式的一级近似可表达为

$$z = z_0 + C_0 T_p \cos\theta_0 / 2$$
$$y = y_0 + C_0 T_p \sin\theta_0 / 2$$
$$x = 0 \qquad\qquad (14-4)$$

式中，T_p 为波束往返程时间，θ_0 为波束初始入射角，C_0 为表层声速。船体坐标系与地理坐标系的转化关系为

$$\begin{bmatrix} x \\ y \end{bmatrix}_{LLS} = \begin{bmatrix} x_0 \\ y_0 \end{bmatrix}_G + R(hrp) \begin{bmatrix} x \\ y \end{bmatrix}_{VFS} \qquad (14-5)$$

式中，下脚 LLS，G，VFS 分别代表波束脚印的地理坐标（或地方坐标）、GPS 确定的船体坐标系原点坐标（也称为地理坐标系下坐标，是船体坐标系和地理坐标系间的平移参量）和波束脚印在船体坐标系下的坐标；$R(h, r, p)$ 为船体坐标系与地理坐标系的旋转关系，航向 h、横摇 r 和 p 纵摇是三个欧拉角。根据该原理，可以计算得到整个测深条带内所有波束对应的位置和水深数据。

目前，多波束测深声呐按照载体不同分为船载式和潜用式；按照测量水深可以分为浅水、中水、深水型；按照发射频率可以分为单频和多频（宽带）；按覆盖宽度可分为宽覆盖和超宽覆盖；按照完成功能可分为单功能和多功能探测型；按照技术交叉可以分为测深型和测深辅助型（基于测深，延伸为独立仪器，如海底管线仪、海底桩基形位仪、前视避碰声呐）等。以 Kongsberg 公司多波束测深声呐产品为例，其旗下产品有专用于 ROV/AUV 等水下潜器的多波束测深声呐；将两个 EM2040 呈 "V" 形安装的超宽覆盖浅水多波束测深声呐，并且该声呐系统可发射宽带信号；探测深度 3～3600 m 的 EM712 中水型多波束测深声呐；最大探测深度可达到 11000 m 的 EM122 型深水多波束测深声呐等。可见，随着技术的不断发展，多波束测深声呐产品呈系列化趋势，更加适应不同海底特性的探测需求。

目前，国际上知名的多波束测深声呐设备主要包括：德国 L-3 ELAC Nautik 公司的 SeaBeam 系列，德国 ATLAS 公司的 FANSWEEP 系列，挪威 Kongsberg 公司的 EM 系列，丹麦 Reson 公司的 Seabat 系列以及美国 R2SONIC 公司的 SONIC 系列（图 14-3）。随着多波束测深技术的发展，多波束测深声呐逐渐实现了全海深、全覆盖、高分辨的测量，其典型发展趋势是：

（1）高精度、高分辨。由于边缘波束海底散射信号的信噪比降低、"隧道效应" 和声线的 "折射效应" 等测深假象以及海底地形复杂性的影响，早期的多波束测深声呐难以实现高精度（特别是内部与边缘波束同时高精度），同时，由于声照射海底脚印偏离垂向后展宽不断增大，导致海底采样不均匀，因此，小目标探测或微地形探测效果不佳。因此，新颖的高分辨、宽带信号处理以及测深假象消除、联合不确定度多波束测深估计（combineds uncertainty multi-beam bathymetry eStimation，CUMBE）等技术的采用大幅度提高了多波束测深声呐的精度、分辨率和可信性。

（2）超宽覆盖。覆盖范围是指水平探测距离与垂直深度之比，它决定了多波束测深声呐的实际测量效率，尤其是在浅水区域，宽覆盖和超宽覆盖是多波束测深优越性的

（a）SeaBat T50　　　　　　（b）SONIC 2024

图 14-3　多波束回声探测仪

集中体现，也是多波束测深声呐最引人关注的性能。一般 3～5 倍以下是常规覆盖能力；6～8 倍属宽覆盖，而 8 倍以上则达到超宽覆盖，是国际领先水平。

（3）多功能一体化。基于多波束测深声呐平台实现海底地形、地貌、底质分类与识别等多功能一体化探测是未来的发展方向之一，其优势在于避免了由于多个单一功能声学设备异步异地测量所造成的数据融合困难，且节约成本，同时多种信息的联合获得可为海洋勘测提供更为可靠的数据支撑。为此，未来兼具海底地形、地貌、表层底质分类功能于一身的多波束测深声呐，若再具备浅地层剖面探测能力，这将是其在一体化探测能力上的重大技术进步。

（4）小型化、便携式。为了满足使用测量设备时的舒适度以及安装方便等要求，努力提高设备的集成度、小型化，也是多波束未来发展的趋势之一。特别是在内陆湖泊，水浅船小的情况下，一两个人即可完成测绘任务，从而大大降低测绘成本。

14.2.2.4　侧扫声呐调查

海洋声学测深仪是通过测量海底深度反演海底地形，称之为等深线成像，而侧扫声呐系统则根据回波强度反映海底地形变化。相比而言，侧扫声呐探测效率和分辨率较高，可获得更清晰的、形象直观的目标信息，因而可广泛用于海洋地质、海洋工程等领域，如航道疏浚、目标物体探测、海缆路由调查、水下考古等（图 14-4）。

侧扫声呐技术起源于 20 世纪 50 年代，是由英国国家海洋研究所 Tucker 和 Stubbs 在 1958 年开发的。侧扫声呐技术的发展经历了三个阶段，首先是分辨率相对较低的声干涉技术；其次为分辨率较高的差动相位技术，但面对复杂的海底地形具有一定的局限性；最后是高分辨率的三维成像技术，能适应复杂的海底环境，获得更多的有效信息。

20 世纪 60 年代英国海洋研究所推出首个实用型侧扫声呐系统后，世界各国相继开发出了多种型号的侧扫声呐系统。20 世纪 80 年代后，计算机的普及促进了侧扫声呐数字化的发展，从仪器制造到数据采集及后处理都发生了根本性的变化。换能器作为侧扫声呐系统的重要组成部分，水声应用的每一次进步都离不开换能器技术的发展，磁致伸缩稀土换能器、压电复合材料换能器等新型换能器层出不穷，它们以大功率、小体积、抗干扰等优势引起了广泛关注。实际工作时受海流影响，拖鱼姿态变化较大，而自治式水下机器人（AUV）可以实时调整航向有效改善拖鱼姿态。美国 Hydroid 公司和 Bluefin Robotics 公司均研制出了各种型号的 AUV，可搭载侧扫声呐、多波束等多个传感器，借

图 14-4　侧扫声呐高分辨率扫描的水下目标

助 AUV 可提高侧扫声呐定位精度，同时也可尝试借助光纤实现水下目标的实时定位。

侧扫声呐的基本工作原理与侧视雷达类似，侧扫声呐左右各安装一条换能器线阵，首先发射一个短促的声脉冲，声波按球面波方式向外传播，碰到海底或水中物体会产生散射，其中的反向散射波（也叫回波）会按原传播路线返回换能器被换能器接收，经换能器转换成一系列电脉冲。一般情况下，硬的、粗糙的、凸起的海底回波强，软的、平滑的、凹陷的海底回波弱，被遮挡的海底不产生回波，距离越远回波越弱。如图 14-5 所示，第 1 点是发射脉冲，正下方海底为第 2 点，因回波点垂直入射，回波是正反射，回波很强，海底从第 4 点开始向上突起，第 6 点为顶点，因此，第 4，5，6 点间的回波较强，但是这三点到换能器的距离是以第 6 点最近，第 4 点最远。因此，回波返回到换能器的顺序是第 6 点至第 5 点至第 4 点，这也充分表现出了斜距和平距的不同。第 6 点与第 7 点间海底是没回波的，这是被凸起海底遮挡的影区，第 8 点与第 9 点间海底是下凹的，第 8 点与第 9 点间海底也是被遮挡的，没有回波，也是影区。利用接收机和计算机对这一脉冲串进行处理，最后变成数字量，并显示在显示器上，每一次发射的回波数据显示在显示器的一横线上，每一点显示的位置和回波到达的时刻对应，每一点的亮度和回波幅度有关，每一发射周期的接收数据一线接一线地纵向排列，显示在显示器上，就构成了二维海底地貌声图，声图平面和海底平面成逐点映射关系，声图以不同颜色（伪彩色）或亮度表示海底的特征。

目前，国外侧扫声呐仪器生产商主要以 Klein 和 Edgetech 两大品牌为主（图 14-6），其产品各具特色。美国 Klein 公司的 Klein5000 侧扫声呐采用多波束控制和数字动态聚焦技术，高速侧扫的同时获得高分辨率的声呐图像；美国 Edgetech 公司的 Edgetech6205 测深声呐将条带测深和双频侧扫声呐系统进行高度集成，采用 10 个接收传感器和一个分离式传输元件，大数量的传输通道在抑制多路径效应、增强反射回波方面具有较好的表现，可在浅水环境消除常见的噪声，实时产生高分辨率的三维海底地形图。

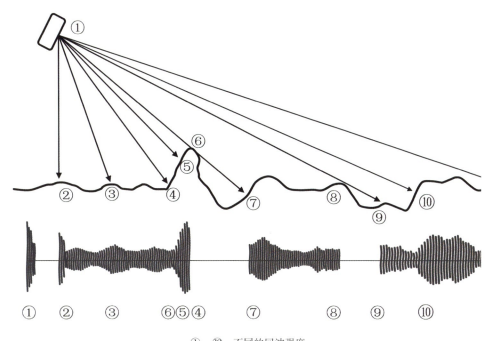

①～⑩：不同的回波强度

图 14-5　侧扫声呐回波强度

图 14-6　侧扫声呐仪器

侧扫声呐目前主要围绕下面几个方面展开竞争：高精度的水下定位、数据解析、图像处理、数据融合和底质分类。根据当前海洋技术发展的趋势，侧扫声呐技术未来的发展趋势可能聚焦在以下几个方面：

（1）合成孔径声呐技术。合成孔径声呐可以获得明显优于传统侧扫声呐海底成像的效果，其优点在于具有高且均匀的空间分辨率，但成像稳定性欠佳，关键还在于高质量多子阵成像算法的实现和运动补偿等方面。

（2）声呐换能器测深技术提升。声呐换能器是整个系统的核心部件，从换能器的设计出发，消除或最大化减小环境噪声的影响值得考究；换能器的带宽特性会影响到传递信号的频谱特性和波形，先进的信号处理技术需要换能器足够的带宽支持，因此换能器的带宽设计也将成为重要的研究方向；未来换能器会向着大功率、宽频、小体积、抗干扰的方向发展。

（3）三维海底地形的可视化。一是从仪器本身着手，在拖鱼两侧使用至少两条接收换能器阵，通过测量水声信号到达两阵元间的相位差得到水深数据；二是从数据后处理出发，综合多波束和侧扫声呐的优势，融合两者信息得到三维海底地形。前者发展迅速，但精度有待提高；后者借鉴遥感图像的处理方法，实现两者配准融合已不再困难，但两者成像机制和探测精度均有差异，高精度的数据融合算法仍需挖掘。

（4）高效高精度的实现。实际应用时，扫测速度和扫宽是相互矛盾的，获取高分辨率的地形或目标，较大的扫宽需配以较低的扫测速度。克服两者矛盾实现高效高精度测量，需要多脉冲等新技术的发展和完善。

（5）多传感器信息融合。侧扫声呐系统集成多传感器，数据信息量较大，数据融合技术成为研究热点之一。由于工作环境复杂，内置的姿态补偿较差，位置精度不高，可借助外在的高精度姿态和导航信息，将其完整地融入声呐系统。

（6）目标识别和底质分类。通过目标辐射噪声自动识别目标物，在军事和民用方面均具有较大的潜力，当然这需要对大量的目标样本进行特征提取分析并建立相应的数据库。根据建立的数据库更好地进行底质分类工作，相应的底质分类方法也需要完善。

14.2.3　机载激光测深

众所周知，多波束测深系统是目前应用最广泛的海底地形探测系统，然而在沿岸浅水区域，由于受其固有宽深比的限制，难以达到《海道测量标准》要求的全覆盖。自从人们发现光波在海水中的最佳透光窗口后，机载激光雷达测深 ALB（airborne LiDAR bathymetry）得到了迅速的发展。美国、俄罗斯、澳大利亚、加拿大、瑞典、中国等都先后对机载激光测深技术进行了研究。其中，最为成熟的机载激光测深系统是加拿大的 SHOALS 系列产品（现已升级为 CZMIL）和瑞典的 HAWKEYE 系列产品。20 世纪 70 年代发展起来的机载蓝绿激光海洋测深方法弥补了船载声学、立体摄影测量及多光谱测深手段的不足，是一种主动测深系统，在浅于 50 m 的沿岸水域，具有无可比拟的优越性，特别是能够高效快速测量浅海、岛礁、暗礁及船只无法安全到达的水域。因此，机载激光测深系统具有精度高、覆盖面广、测点密度高、测量周期短、低消耗、易管理、高机动性等特点。

机载激光雷达（LiDAR）是一种集激光、全球定位系统（GPS）和惯性导航系统（INS）3 种技术于一身的系统，用于获取地形数据并生成精确的 DEM。机载激光测深技术实际上是一种主动式遥测技术，利用的是光在海水中的传播特性。海水组成成分复杂，主要有可溶有机物、悬移质、浮游生物等，这些物质一方面影响了海水的透明度；另一方面这些物质对光的吸收和散射作用很强，导致光波在海水中的衰减较大，传播距离非常短。通过对光在海水中的辐射、散射、透射等性能的研究，人们发现海水中存在一个类似于大气的透光窗口，在该窗口内，光波在海水中具有较好的传播特性，尤其是波长为 $0.47 \sim 0.58~\mu m$ 的蓝绿光表现出了衰减系数最小的特性。正是利用这一特性，人们研制开发了利用蓝绿激光进行水深测量的机载激光测深系统。

准确地讲，为了更好地利用激光在海水中的传播特性，机载激光测深系统均采用了

532 nm 波长的蓝绿激光作为激光器发射的光源。装载在飞机上的半导体泵浦大功率、高脉冲重负率的 Nd：YAG 激光器发射大功率、窄脉冲的蓝绿激光，一部分激光到达海面后反射回激光接收器，另一部分激光束穿透水体到达海底，经海底反射后，被激光接收器接收。根据海面与海底反射激光到达接收器的时间差，即可计算出海水的深度（图 14-7）。实际上，海水深度的计算远比上面描述的基本原理要复杂得多。首先，激光脉冲并不是垂直于海平面入水，而是由于扫描角的存在都是倾斜入水，该扫描角一般为 20°左右。其次，飞机平台的姿态由于气流的作用总是处于不断的变化之中，该纵倾横摇角度也影响了激光点在水面的位置。最后，潮汐的作用导致同一地点不同时刻测得的水深不同，水位改正是必不可少的。如果考虑到测深数据中可能存在的粗差，还必须对这些粗差进行剔除。

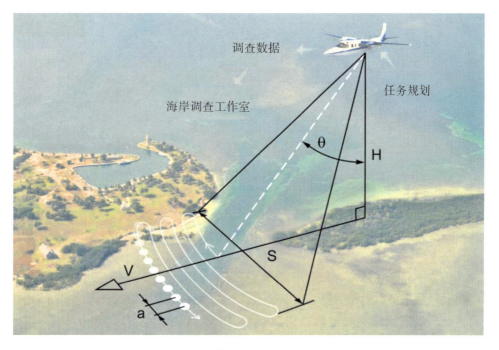

图 14-7　机载激光测深原理

海水对激光的衰减使得在设计机载激光测深系统时需要综合考虑激光器的重复频率、脉冲宽度、发射功率、航高等因素。经验和测量实践表明，一般激光器的重复频率为 1000～4000 Hz，个别的机载激光测深系统甚至高达 10000 Hz，脉冲宽度为 5～10 ns，发射功率为 2～8 mJ，航高为 250～500 m，最大测深能力为 50 m。以 CZMIL 机载激光测深系统为例，典型的飞行高度为 400 m，扫描宽度为 0.73 倍的航高，飞行速度按 250 km·h^{-1} 计算，则每小时可覆盖的测区面积高达 73 km^2。

机载激光测深系统虽然受到海水透明度、天气和大气物理异常、强烈海面波动和小目标探测能力较弱的限制，但由于其快速、机动、高效、全覆盖的优势，在沿岸浅水测量时成为多波束测深系统的最有效补充。尤其在水质较为清澈的沿岸浅水区（图

14-8），机载激光测深系统的测深效率远远大于多波束测深系统的测深效率，因此，机载激光测深系除了在沿岸浅水区具有高效的测深优势，还在探潜与探雷、障碍物探测、近岸工程建设（如水下管线敷设、钻井平台选址安装、航道疏浚与维护）等方面有广泛的应用。

图 14-8　机载激光的近岸浅水地形测量

机载激光测深的主要缺陷在于激光传输距离有限，探测能力还不可能达到很深的海域。在深海水域的水深测量仍需依赖声呐技术等传统测深技术。

14.2.4　浅海遥感测深

借助卫星遥感可以对海洋进行实时、全方位的立体监测，长期获得稳定可靠的海洋观测资料。目前可用的卫星遥感数据源有 MODIS、MERIS、GOCI、Sentinel-2、Landsat 8、LandsatTM、SPOT、Hyperion、QuickBird、WorldView-2、Pleiades-1 等。借助这些数据，可开展海岸带的水深反演及海洋生态监测等方面的工作。

海岸带由于地形复杂，浅水区域较多，适用于航空遥感。航空摄影技术早在 1850 年就开始应用了，至今已有 100 多年的历史。二战期间，航空摄影与侧视雷达曾在海图绘制和近岸水深测量中成功应用。此后，一些岛屿、岩礁和浅滩的测绘就广泛应用了航空摄影技术。$0.4 \sim 0.5 \mu m$ 的可见光波段对海水穿透能力强，可用于测深；而 $0.7 \sim 0.9 \mu m$ 波段在水陆分界线的识别上有较好的效果；彩色航空照片可清晰分辨出低潮时露出的岩礁和浅滩。

卫星遥感在浅海的应用是近 20 年才发生的事，航天遥感技术用于近岸浅水地形测量的主要波段是可见光。在海水足够清澈的条件下，通过多光谱或彩色照相机、多光谱扫描器和海岸带色彩扫描器在透明度内成像，再勾绘出浅海海图，这种方法的测量精度为：水平分辨率达 70 m，垂直分辨率为 $2 \sim 5$ m。

根据 SAR 影像中重力波折射图与水深的密切关系，也可获取定量的水下地形信息。SAR 影像的浅水特征呈条纹状，一般对应着水深 50 m 以浅的水域分布的沙岸、沙脊和沙波。像 Seasat SAR 图像呈现的波长数千米的波状纹理特征，一般与 100 m 或 1000 m 甚至更深的水深变化有关。

14.3 底质类型调查

底质探测是获取海床表面及浅表层沉积物类型、分布等信息的技术，是海洋动力学研究、海洋矿产资源开发和利用、舰船锚泊、水下潜器座底等海洋科学、经济、军事的基础数据，是海洋测量的内容之一。海底底质通常借助采样器取样或钻孔取芯，通过实验室分析获得，存在效率低、成本高等缺陷。声学底质测量借助声波回波特征与底质的相关性实现底质探测，具有探测底质效率和分辨率高的特点，是传统底质取样探测的一种很好的补充方法。声学底质探测研究近年来发展迅速，集中体现在底质声学测量和声学底质分类两个方面。

14.3.1 底质取样测量

底质采样方法有表层采样和柱状采样，底质采样的工具为蚌式取样器（或称抓斗式采泥器）、箱式采泥器或柱状采样器。这里的底质取样主要用于沉积物的粒度分析。样品采集后置于样品袋中，在实验室内采用筛分法或激光粒度分析仪进行粒度分析。

传统的方法如机械取样法存在效率低、费用高、不适用于大面积调查等弊端。由于声学法具有高效率、低费用、高分辨率等优点，因此，特别适合于大面积的调查或研究（图 14-9）。目前，世界上已有多家海洋调查仪器公司或研究单位从不同的方面、采用

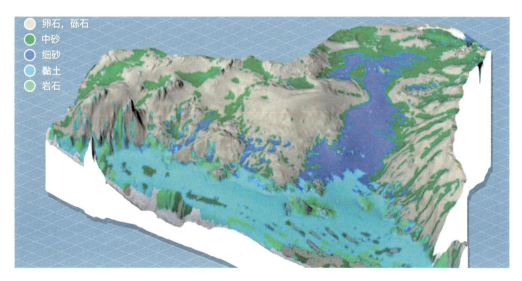

图 14-9 某海域的底质分类三维图

不同的参数对海底进行分类识别。从研究对象数据方面来分，主要有单波束海底分类、多波束海底分类和侧扫声呐影像分类三大类。其中，单波束海底分类器及分类软件发展得最为成熟，可以配合多种测深仪进行工作。多波束海底分类系统只能配合于某一特定类型的多波束测深系统。

14.3.2 底质声学测量

底质声学测量是借助声学换能器获取来自海床表面或海底浅表层底质层界的回波强度分析底质类型的一种方法。近年来，研究测量主要聚焦于声呐测量和回波强度数据处理两个方面。海床表面底质声学信息可借助单波束回声测深仪、MBS 和 SSS 来获取，浅表层声学信息主要借助浅地层剖面仪或单道地震来获取。为从以上设备接收的回波强度信息中提取出底质特征，需对回波强度进行质量控制、各项补偿和修正的处理。

借助海底底质的声学回波强度特征参数或统计特征参数进行底质划分，目前主要采用的方法有声学参数反演法和声波回波强度统计特征分类法。

声学参数反演法基于底质对声波信号相干分量贡献的差异，通过反演海底沉积物声阻抗、声吸收系数等声学参数，结合不同沉积物密度、声速、孔隙率和颗粒度等物理参数，构建经验模型，实现从不同声学特征参数到实际底质类型的映射模型的构建，进而实现底质声学分类。

声波回波强度统计特征分类法利用不同底质回波强度或振幅的统计特征参量，借助一定的聚类分析方法，通过构建分类器实现不同底质类型的划分。统计特征参数主要有：反映声阻抗变化和界面粗糙度的平均值、标准差和高阶矩等；评估回波强度分布的分位数和直方图；描述回波强度功率谱的特征量；用于纹理分析的灰度共生矩阵；对回波强度和深度变化的分布和结构非常敏感的分形维；回波强度的角度依赖性特征等特征参数。采用的聚类分析法主要有模板匹配分类法、判别函数分类法、神经网络分类法和聚类分析法。

按照是否具备先验底质样本，声学底质分类法又分为监督分类法和非监督分类法。监督分类法通过寻找先验底质样本与对应位置回波强度间的关系实现底质分类，采用的分类方法有模板匹配法、判别函数法和神经网络分类法；非监督分类无须先验底质样本，根据预分类底质的回波强度间的相似性关系实现聚类，常采用自组织神经网络分类法、聚类分析法。

14.3.3 底质分类技术

具体而言，目前基于底质声学测量的代表性底质分类技术有以下四种。

14.3.3.1 Simrad 的底质分类技术

（1）分类原理。Triton 是挪威 Simrad 公司的一个海底底质分类软件，它内嵌在多波束后处理软件 Neptune 里，适用于 EM 系列多波束测深系统采集的数据。当欲利用 Triton 来进行底质分类时，应首先用 Neptune 软件对多波束数据进行定位、定深及其他各种参数校正处理，然后由 Triton 读取反向散射数据（声呐数据），并对其进行多参数统计分析，从而划分出各种不同的逻辑海底沉积类型（非监督分类）。欲得到确切、真实的海底沉积类型，必须首先根据先验资料定义一个分类数据库，供以后的多波束海底底质分类使用（监督分类）。

反向散射强度数据也称声呐数据，它与海底的反射能力有关。而反射能力又主要与海底的底质属性（如密度）、声速、海底粗糙程度和水体的均一性有关。

发射能量与接收器的记录信号之间的关系为：假设 SL 为发射能级大小，EL 为接收能级大小，则

$$EL = SL - 2TL + BTS \tag{14-6}$$

$2TL$ 表示双路传播能量损失，定义为：

$$2TL = 40\log R + 2aR \tag{14-7}$$

式中，R 为声源至海底之间的距离，a 为与频率有关的水体吸收系数。BTS 为底部反向散射强度，其与海底的反射率属性有关。假设 A 为某一波束的声照区大小，则 BTS 定义为：

$$BTS = BS + 10\log A \tag{14-8}$$

此处 BS 为海底反向散射系数，与海底的反射率有关。声照区 A 的大小随波束号的不同而不同，因此，它与所使用的多波束探头有关。最后得到：

$$BS = EL - SL + 40\log R + 2aR - 10\log A \tag{14-9}$$

Triton 系统主要由三个模块组成：特征提取、训练和分类，也就是进行底质分类的三个基本流程。

（2）特征提取。在进行海底底质分类时，首先是提取多波束声呐数据的特征值。声呐数据可以理解为海底的反向散射强度，它们取决于波束掠射角的大小、海底粗糙度、底质属性和声波在水体中的传播等因素。Triton 海底分类系统通过对脉冲与脉冲之间的反向散射强度进行相互比较，从而确定不同区域之间的特征值。第一个版本的 Triton 于 1994—1995 年开发出来。当时对 40 多个特征参数进行了测试，最后只保留了 5 个特征参数。这是因为单独利用或组合使用这 5 个特征参数，就可以到达最佳的海底分类效果。这 5 个特征参数为：0.8 分位数（quantile）、步距（pace）、对比度（contrast）、平均值（mean）、标准差（standard deviation）。

（3）训练。在 Triton 软件中，某一特定的底质类型在特征空间中被定义为一个椭圆。某一波束的特征数据在特征空间中被定义为一个点，如果该点位于椭圆里，则该波束对应的底质类型与该椭圆的类型一致。究竟特征空间中什么位置、什么形状的椭圆对应什么样的底质类型，这就需要通过训练来确定了。所谓训练，就是从某一海域采集到多波束数据后，运行特征提取模块以提取上述 5 个特征参数，再以点的形式显示在五维特征空间里。如果点足够多时，就可以拟合成一个椭圆。通过收集（采集）到的先验资料，赋予该椭圆正确的底质类型。训练的结果是得到一个描述海底类型的分类数据库。如果训练时只选择 3 个特征参数，那么，由 3 个特征参数构成的三维特征空间将被显示为 3 个二维平面图。

（4）分类与区域划分。分类与区域划分实际上是属于同一个模块。分类就是对某一区域赋予底质类型说明。这一过程是建立在特征参数和分类数据库的基础上的，然后通过贝叶斯判定规则（Bayes decision rule）来进行分类。

区域划分通常与圆滑和边界检测相关。实际上也就是通过用户定义的网格大小，然后对落在每一网格内的不同分类数据进行统计，从而根据统计的结果来决定该网格属于哪一种分类。这个步骤实际上与网格化绘制等值线类似。最后可以得到底质类型分布图和特征值分布图。

14.3.3.2 Quester Tangent 的底质分类技术

（1）分类原理。QTC VIEW 是加拿大 Quester Tangent 公司（QTC）的产品，主要面向单波束测深系统。与 Simrad 公司的分类技术不同，QTC 底质分类技术是从分析反射波束的波形特征入手的。QTC 认为，从海底反射回来声学信号的振幅和形状受海底的硬度、粗糙度、海水与海底之间的声学阻抗强度等因素的影响。通过使用一套专有算法来测量回声包络线，提取 166 个波形特征或描述符，这组 166 个波形特征被称为全特征矢量（FFV's）。为了解释和显示的需要，通过进一步的算法把这 166 个特征简化到 3 个最具有代表性的值，称为 Q_1、Q_2 和 Q_3，统称为 Q-values。海底底质分类就是通过使用这 3 个 Q-values 值来实现的。假设从相似的海底类型反射回来的信号也是相似的，当 Q_1、Q_2 和 Q_3 绘制在相互垂直的 Q-space 时，从相似的海底反射回来的信号形成簇的聚类。一个回声信号的分类是根据它在由训练数据生成的 Q-space 中的簇的位置而定，它与最接近的簇的类型相同。

（2）训练与野外实时分类。同 Triton 系统一样，QTC VIEW 也分为监督分类与非监督分类。当需要在野外进行实时分类时，必须首先对分类系统进行训练。训练就是通过从已知海底类型生成参考簇的方法。实际上，在安装系统试验时，在校正位置"a"上停船，采集一组回声样品，这个位置通过先验资料建立起海底类型与声学分类之间的关系。然后在"b"位置上重复这一过程，直到能够建立起一个有代表性的分类数据库。在实时调查时，系统采集到的数据通过与这个数据库进行参考对比，并被放置在三维空间中的适当位置。同时，航迹图、水深剖面图都被细分为相应的分类。对每一分类与数据库的匹配程度产生一个可信级别，并保存在每一个记录里。

一旦建立了一个分类数据库，只要是使用相同的测深仪，以相同的频率，在大致相同的水深范围的调查区里，就不需要重复这种校正过程，直接使用以前存储的分类数据库即可。

（3）后处理非监督分类。在非监督分类时，通过统计分析一些有规律的数据子集而生成参考簇，这些参考簇就组成了回声信号的逻辑种群。非监督分类可以在海上实时进行，也可以在室内后处理时进行。

QTC IMPACT 是一套后处理软件。它允许用户在调查前不需要建立一个海底类型分类数据库，就可以直接进行数据采集。然后通过后处理的三维分簇处理程序把它们分成不同的声学分类，这样用户就可以得到一幅调查区域海底声学差异性图。由于所有的作业都是在后处理进行而不是实时进行，这就能够保证得到更好的处理和质量控制。数据滤波允许删除任何坏的或不想要的数据点以防止分类偏差，可以控制分簇处理以提供最佳的分类效果。

以上所介绍的是 QTC 针对单波束测深仪的海底底质分类技术。为了能够对多波束数据进行海底底质分类，QTC 也开展了利用多波束数据和侧扫声呐数据进行海底底质分类的开发研究。利用多波束数据进行海底分类时,输入数据同 Triton 系统一样,均为反向散射(backscatter)数据。目前,QTC 的第一个多波束海底底质分类软件叫作 QTC MULTI-VIEW。该产品正处在开发测试阶段,其能够与 SimradEM2000 型多波束测深仪配套工作。

14.3.3.3 Echoplus 的底质分类技术

(1)分类的原理。图 14-10 显示了一个单脉冲典型的回声信号电压轨迹图。左部分为发射脉冲结束时的尾迹,该部分可能由于受到附近构造物或探头底部的气泡的反射而形成。中部为海底的第一次反射。通常,该部分至少由三部分组成:换能器底部海底的初始反射、换能器底部海底周围区域的散射和可能存在的海底以下的反射。右部分为海底的第二次反射。虽然第二次反射的历时大约是第一次反射的两倍,但是第二次反射并不仅仅是第一次反射的比例缩放与延迟,它还包含着更多的信息。

简要地说,ECHOplus 是利用第一次反射的散射信息来判断海底粗糙度,并利用第二次反射的反射信息来判断海底硬度。

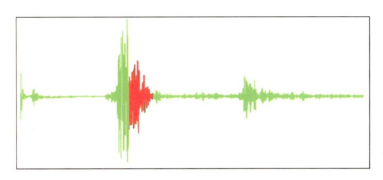

图 14-10　第一次回波的分析窗口

换能器以一定的波束角向海底发射波束,如果海底十分平坦,那么所有垂直发射向海底的能量将返回换能器,其他角度的能量将反射离开。事实上,海底并不是完全平坦的,以其他角度发射的一部分能量也能够回到换能器。海底越粗糙,就有越多的能量被散射回到换能器,也就是有更多的能量出现在分析窗内。为了避免散射能量受到换能器底部的直接反射能量的干扰,仅仅使用第一次反射的尾迹来进行分析,如图 14-10 的黑色窗口部分。

第二次反射并不像第一次反射那么简单,基于该物理机制,这里至少有两种理论存在:简单原理与高级理论。两种理论都认为海底越硬,就有越多的能量出现在分析窗口内,因此 ECHOplus 采用了这种理论,并且利用这种特性去确定分析窗口的参数。

(2)系统特性。海底的声学属性可以随频率的不同而显著变化。例如,在同一区域用不同的频率进行粗糙度识别,当使用较低的频率时,由于波长较海底的微地形起伏大得多,结果在反射与散射信号中将以反射信号为主,海底就显得比较平坦;当使用较高的频率时,由于波长较海底的微地形起伏小得多,结果在反射与散射信号中将以散射信号为主,海底就显得比较粗糙。另外,声波穿透底层的深度也依频率而定,在松软沉积的环境下,低频声波的穿透深度较高频声波的穿透深度要大。因为这些特性的差异,双频声学海底分类仪的优势要比单频声学海底分类仪高得多。ECHOplus 利用两个独立的频率通道来充分发挥这种优势。

ECHOplus 除了采用上述专利技术外，它还能够进行自动频率补偿、自动深度补偿、自动功率电平补偿和自动脉冲长度补偿。

（3）野外工作方式。ECHOplus 系统能自动对测深仪的频率、功率电平、脉冲长度和深度变化进行补偿。因此，只要海底的硬度与粗糙度保持不变，系统的输出就为同一数值并保持在中心位置。但是，由于系统的噪声和自然环境的变化，输出值总会有一些微小的变化。系统的输出值实际上受控于系统内的比例因子，该比例因子可以设置为工厂默认设置和已知背景设置两种模式，系统在这两种模式下均能很好地工作。当采用工厂默认设置时，叫作非参考作业模式；当采用已知背景设置时，叫作参考作业模式。不管是采用参考模式还是非参考模式，输出值的一致性和重复性都很好，因此，对同一地区进行重复调查时，输出将以相同值返回分类簇的中心。这两种模式的不同之处在于，在参考模式下用户可以控制产生绝对值的大小。当通过已知背景的海域时，可以按下面板背后的"参考"按钮，这种海底类型的输出值将被设置为中心值：硬度值为 1 与粗糙度值为 1。因此，用户最好将系统的"参考"值设置为海底类型的中间范围，例如沙质。该比例因子将一直保存下去，直到用户再次按下该按钮，然后系统又恢复到工厂默认设置的非参考工作模式。如果用户又按下该按钮，系统将参考最新的海底类型，而不是前一个类型。当关掉电源时，系统可以记住其处于何种工作模式及比例因子。

14.3.3.4　GeoAcoustics 的侧扫声呐底质分类技术

（1）特征提取与训练。为了能够通过侧扫声呐影像对海底进行分类，必须首先对底质分类系统 Texture Mapping System（以下简称为 TMS）进行训练，使其能够识别影像属性（提取影像的特征），然后再建立起影像属性与海底类型之间的联系。

训练前，通常需要进行海底直接取样，例如，使用抓斗，或在低潮时检查出露的海底。这样收集到足够的先验信息后，然后再进行影像属性提取与训练。提取影像属性时，用户必须在侧扫声呐记录上定义一个包含影像属性的区域，给该海底类型选择一个名字作为标签，然后选择一种颜色来代表该种海底类型。TMS 将通过该特征区域提取侧扫声呐影像属性特征，经过特征筛选后形成特征空间域里的描述符。重复该过程，直到侧扫声呐记录上所有的特征区域全部训练完毕，最后得到一个包含有各种海底底质类型的特征属性库。

在监督分类下得到的影像属性分类构成了侧扫声呐记录的真实的地质、地物解释。TMS 也提供了非监督分类的功能。在非监督分类下进行的影像属性特征化后，影像属性并没有与海底类型之间建立起关系，仅仅是对影像属性进行边界划分，而不是对其进行真实的分类解释。

（2）影像属性的分类方法。假设 TMS 有一个至少包含一种影像属性特征的特征集，系统就能够对侧扫声呐记录的影像属性进行分类。为了对影像上的一个未知像素进行分类，TMS 首先提取该像素特征值，该特征值在特征空间里相应地定义了一个位置点，然后计算它与已知像素位置点之间的差异。假如他们之间的差异小于给定的阈值，则该未知像素就被认为与已知像素具有相同的属性。其中，阈值为分类开始前用户设定的一个参数值。如果未知像素与已知像素之间的差异超出给定的阈值，则该像素的属性将被定义为"未知"。如果用户只是希望 TMS 识别出那些与已知影像严格匹配的影像属性,例如,如果用户想搜寻那些与自己特别感兴趣的海底类型相一致的影像属性,那么阈值就要设得低一点。相反,如果把阈值设得较高的话,则会强迫 TMS 把某一像素划分为已知特征属性中的某一种。

以上分别介绍了挪威 Simrad 公司、加拿大 QuesterTangent 公司、英国 ECHOplus 公司和英国 GeoAcoustics 公司的海底底质分类技术。这些技术可以说是当今世界上最先进的海底底质分类技术的典型代表。在这些技术中,其中利用单波束的回声波形结构来进行底质分类技术相对较简单,发展得也较为成熟,该技术在加拿大得到了广泛的应用。由于多波束海底底质分类技术相对较复杂,目前发展得不是很成熟,但随着多波束技术的不断发展和应用范围的扩大,其在未来的海底底质分类应用中将会占到越来越重要的地位。在目前的侧扫声呐影像解释中,往往还是以人工解释为主,绘制的声呐影像图件也只仅仅是声呐镶嵌图而已。因此,侧扫声呐影像机器解释在未来的侧扫声呐应用中将会起到十分重要的作用。

14.4　海洋重力调查

地球上的任何物体都会受到地球和其他天体的引力及离心力的作用,引力和离心力的合力称为重力。重力是一个矢量,既有大小又有方向,大小用重力加速度来衡量,方向用垂线偏差来表示。重力的大小和方向都取决于地球内部物质和外部物质的分布及地球自转。由于地球的形状不规则以及质量分布不均匀,地球上各点的重力加速度会存在一定的差异。地球重力场是地球的基本物理特性之一,通过测量出地球的重力分布,既可揭示地球内部物质的分布、运动与变化状态,又可掌握地球附近空间物理事件产生和发展的规律与机理。因此,海洋重力调查对于现代国防、资源勘探、空间科学、海洋科学、大地测量学、地球物理学、地球动力学等基础、前沿科学研究具有非常重要的意义。

根据测量的物理量不同,重力测量仪器可分为标量重力仪、矢量重力仪和重力梯度仪。标量重力仪只测量重力的垂向分量(重力异常);矢量重力仪除测量垂向分量外,还要测量重力的两水平分量(垂线偏差);重力梯度仪是测量重力矢量在三维空间的变化梯度,全张量重力梯度仪包含 5 个独立分量,具有对地球密度扰动更为敏感的特点,因此,比重力异常具有更小尺度的空间分布特性,能够提供更全面、更丰富的重力特征信息,可反映局部区域地质特征的精细变化。

按照测量时仪器的运动状态不同,重力测量仪器可分为静态和动态两类,静态重力测量仪器测量时要求仪器静止不动,因此,测量效率低,不能实现人员难以到达地区的重力测量;而动态重力测量仪器可安装到载体上,在载体运动过程中实现连续重力测量,主要包括航空、海洋和卫星等重力测量仪器,其中的航空、海洋两类应用最为广泛。航空/海洋重力测量仪器具有可实现对人员难以到达的沙漠、沼泽、山川、森林、河湖、海洋等地区进行重力测量的优势,此外还具有测量速度快、效率高、成本低、连续均匀、中高频等特点。

海洋重力测量目前呈现立体测量态势，按照测量载体可分为星基、机载、船基和沉箱式海底重力测量。船载重力测量仍是目前主要采用的高精度重力测量方式。

人类对地球重力场的探索可以追溯到 17 世纪 Galileo 著名的自由落体实验，18 世纪开始使用摆仪开展陆地重力测量。20 世纪初，Hecker 于 1903 年研制出气压式海洋重力仪，具有突破性的历史意义，它标志着人类开启了海洋重力测量探索实践的大门。1923 年，费宁·梅内斯（Vening Meinesz）在潜水艇上首次使用摆仪获得海洋重力测量成果，从此开始，海洋摆仪作为测定海洋重力场的主要仪器之一，得到推广使用，并且不断得到改进，直到 20 世纪 50 年代末期逐步为海面走航式重力仪所取代。一般认为，海洋重力测量的真正起步是以 20 世纪 20 年代海洋摆仪的介入为标志，海洋摆仪被视为第一代海洋重力测量仪器。

海洋重力仪的发展经历了三个阶段：摆仪型海洋重力仪、摆杆型海洋重力仪和轴对称型海洋重力仪。

摆杆型海洋重力仪为第二代海洋重力仪，它完成了海洋重力测量由水下到水面、由离散点到连续线测量这一历史性演变。典型代表为美国 LaCoste & Romberg 公司（即现在的 Micro-gLaCoste 公司）生产的 MGS-6 型重力仪和德国 Graf-Askania 公司生产的 Gss-2 型重力仪（后改称 KSS 型）（图 14-11）。这两种海洋重力仪都安装在陀螺稳定平台上工作，抗外界干扰能力强。此类型重力仪存在的主要问题是由交叉耦合效应引起的测量误差较大。因此，此类重力仪通常带有附加装置，用于测量作用在重力仪传感器上的扰动加速度，并由专用的 CC 计算机计算 CC 改正值。

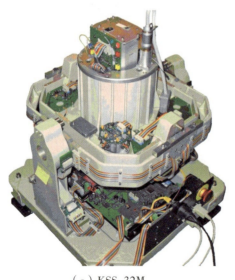

(a) KSS-32M　　　　　　　　　　(b) MGS-6

图 14-11　海洋重力仪

轴对称型海洋重力仪为第三代海洋重力仪，它不受水平加速度的影响，从根本上消除了 CC 效应误差，可在较恶劣的海况下工作。轴对称重力传感器以力平衡型加速度计代替了摆杆,通过测量传感器在力平衡时反馈输出的电流变化得到重力的变化。目前,比较有代表性的轴对称型海洋重力仪是德国 Bodenseewerk 公司生产的 KSS-32M 型(图 14-11a)和美国 Bell 航空公司生产的 BGM-3、BGM-5 型两类海洋重力仪。BGM-3、BGM-5 型重力仪可自动计算厄特弗斯改正、正常重力值、空间异常和布格异常值,有实时处理能力,实时处理后的重力资料仍然允许使用精确的导航数据和实际的零点漂移速率进一步修正。

14.5 海洋磁力调查

海洋磁力调查是海洋地球物理调查的一项传统内容,主要测量地磁要素及其随时间和空间的变化,为地磁场的研究提供基本数据,曾在海洋油气勘探、海底构造研究等方面发挥重要作用。近年来,随着海洋磁力仪灵敏度和探测精度的提高,其在海洋工程(如光缆路由调查、海底油气管线调查)中也得到了广泛的应用。

磁力仪按工作原理可以分为质子旋进式、欧弗豪塞(Overhauser)式和光泵式等 3 种不同类型。经过几十年的发展,海洋磁力仪在灵敏度、分辨率和精度等方面有了很大提高,并出现了多种类型的海洋磁力梯度仪。相对于立体海洋重力测量,海洋磁力测量目前仍以船基拖曳测量方式为主。

质子旋进式磁力仪和光泵式磁力仪是磁力仪的两种基本类型,它们的工作原理完全不同,而 Overhauser 磁力仪是对质子旋进式磁力仪的发展,并不是磁力仪一种独立的类型。

(1)质子旋进式磁力仪。标准质子旋进式磁力仪传感器内装有少量富质子(氢原子核)的液体(如煤油或甲醇),在这些富含氢原子核的液体中,其他分子的电子轨道磁矩和自旋磁矩、原子核自旋磁矩都成对地彼此抵消,只有氢原子核的自旋磁矩没有抵消,并显示微弱的磁矩。在外磁场为零时,氢原子磁矩是任意取向的。如果在液体的周围加有强大的人造磁场(由线圈产生),此磁场引起液体内大多数质子自旋方向偏向一方,自旋轴都将转至人造磁场方向上定向排列。如果人造磁场突然消失,这时氢原子将在原有的自旋惯性力和地磁场力的共同作用下,以相同相位绕地磁场方向进动,即质子旋进。质子旋进初始阶段因相位相同,显示出宏观的磁性。它周期性地切割在容器外的线圈,产生电感应信号,其频率和质子旋进频率相同。由于热搅动的作用,进动的一致性将下降,从而导致电感应信号随之急剧下降,所以要在信噪比较高的时候,也就是衰变的前 0.5 s 测量质子旋进频率。质子旋进频率和地磁场有如下关系:$T = 23.4874\,f$。式中,f 是质子旋进频率,T 是地磁场。此式表明 f 与 T 成正比,只要测量旋进信号的频率,就可以得到地磁场的大小。

美国 GEOMETRICS 公司在 20 世纪 70 年代生产的 G801 磁力仪和新生产的 G882 磁力仪均属于质子旋进式海洋磁力仪(图 14-12a)。

(2)Overhauser 磁力仪。Overhauser 磁力仪和质子磁力仪之间的明显不同点是 Overhauser 效应，通过电子 – 质子耦合现象达到质子极化的目的。一种经过特殊加工的含有一种自由放射性原子（带有一个游离电子的原子）的化学试剂被加入到富质子液体中，当被暴露于特定跃迁能级相应的低频射频射线中时，游离电子很容易被有效地激发。这时它并不辐射出射线以释放能量，而是将能量传送给附近的质子。这就可以不用施加强大的人造磁场来极化质子。这一点的重要性在于 Overhauser 磁力仪最大输出信号取决于 Overhauser 化学试剂的设计，而不是取决于输入传感器的能量。因此，只使用 1～2 W 的能量磁力仪传感器就可以产生清楚的强大的进动信号。而标准质子磁力仪则即使耗费数百瓦的能量也不能产生相同能级的信号。Overhauser 磁力仪的另外一个优点是传感器的极化可以和进动信号的测量同时进行。这成倍地提高了该磁力仪的可用信息量，比标准质子磁力仪的采样频率更高。因为 Overhauser 磁力仪和标准质子磁力仪同样是测量质子共振谱线，所以它们具有同样出色的精度和长期稳定性特征。除此以外，Overhauser 磁力仪带宽更大，耗电更少，灵敏度比标准质子磁力仪高一个数量级。加拿大 Marine Magnetics 公司生产的 SeaSPY 磁力仪（图 14 – 12b）、加拿大 GEM System 公司生产的 GSM – 19M 浅拖海洋磁力仪以及法国 GeomagSARL 公司生产的 SMM – Ⅲ 海洋磁力仪都属于这种 Overhauser 磁力仪。

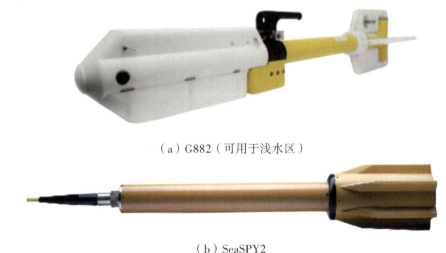

（a）G882（可用于浅水区）

（b）SeaSPY2

图 14 – 12　海洋磁力仪

（3）光泵磁力仪。光泵磁力仪建立在塞曼效应基础之上，一个装有碱金属蒸气的容器（吸收室）是光泵磁力仪的核心部件。光源产生的光线经过透镜、滤镜和偏振片后形成红外圆偏振光，偏振光随即通过吸收室，之后光束聚焦在一个红外光检测器上。红外圆偏振光进入吸收室后，光子将撞击到碱金属原子。如果碱金属原子拥有相对于光子合适的自旋方向，光子将被捕获并使得碱金属原子从一个能级跃迁到另一个高能级，光子被捕获使得光束强度被削弱。一旦大多数碱金属原子已经吸收过光子并处于不能再吸收其他光子的状态，则吸收室所吸收的光线将大幅度减少，并将有最多的光线击中光检测器。这时如果有具特定频率的震荡电磁场进入吸收室内，原子将被重新激发至能够吸收光子的方向上，这时将有最少的光线击中光检测器。这个特定频率叫作拉莫尔频率（f），拉莫尔频率与环境磁场有着精确的比例关系，因而可以通过测量光检测器上光强度最弱时的震荡电磁场的频率来测量环境磁场 T 的大小。即 $T = Kf$，式中 T 为被测环境磁场，f 为拉莫尔频率，K 为比例因子。K 对于特定的碱金属来说为一常数，K 因碱金属的不同而改变。

当外磁场 T 变化时，改变此震荡电磁场的频率，使其始终维持通过吸收室的光线最弱，即使震荡电磁场的频率自动追踪外磁场的变化，从而实现对外磁场 T 的连续自动测量。各种光泵磁力仪传感器吸收室内的碱金属可能不同，现在使用的有钾、钠、铯、铷等。另外吸收室内也可以使用某些惰性气体，例如氦。

14.6　海洋地震测量

海洋地震调查是海洋地球物理调查的一种基本方式，是基于天然地震或人工地震激发所产生的地震波在不同介质中传播规律，来探测海底地壳和地球内部结构的地球物理方法。海洋地震勘探在海洋地质调查、油气勘探与开发中起着无可替代的重要作用。

按不同的分类依据，海洋地震调查有不同的分类名称。根据震源，可以分为人工地震调查和天然地震调查；根据接收地震波的种类，可分为海洋反射地震调查和海洋折射地震调查；根据调查海底地壳深度，可分为浅层（<200 m 的深度）、中层（200～2000 m 深度）和深层（>2000 m 深度）地震调查。

14.6.1　浅地层剖面探测

浅地层剖面探测是一种基于水声学原理的连续走航式探测水下浅部地层结构和构造的地球物理方法。浅地层剖面仪（sub-bottom profiler system）又称浅地层地震剖面仪，以声学剖面图形反映浅地层组织结构，具有很高的分辨率，能够经济高效地探测海底浅地层剖面结构和构造。

浅地层剖面仪是在测深仪基础上发展起来的，只不过其发射频率更低，声波信号通过水体穿透床底后继续向底床更深层穿透，结合地质解释，可以探测到海底以下浅部地层的结构和构造情况。浅地层剖面探测在地层分辨率（一般为数十厘米）和地层穿透深度（一般为近百米）方面有较高的性能，并可以任意选择扫频信号组合，现场实时设计调整工作参量，可以在航道勘测中测量海底浮泥厚度，也可以勘测海上油田钻井平台基岩深度。

浅地层剖面仪采用的技术主要包括压电陶瓷式、声参量阵式、电火花式和电磁式 4 种。其中，压电陶瓷式主要分为固定频率和线性调频（chirp）两种；电火花式主要利用高电压在海水中的放电产生声音的原理；声参量阵式利用差频原理进行水深测量和浅地层剖面勘探；电磁式通常多为不同类型的 Boomer，穿透深度及分辨率适中。

浅地层剖面探测设备性能指标中分辨率与穿透深度是互相矛盾的。20 世纪 80 年代，美国 Datasonics 公司与罗得岛州州立大学的海军研究所及美国地质调查局联合开发了一种称为"Chirp"的压缩子波，并被广泛地应用于海底浅地层勘探中。通过长时间的调频脉冲，接收信号经过滤波处理，得到一个比发射脉宽的宽度窄很多的压缩脉冲，压缩后的脉冲宽度与发射脉冲宽度无关，此压缩脉冲宽度等于调频带宽的倒数。发射较宽的线性调频脉冲，能够保证一定穿透深度，同时不会降低垂直分辨率。其中的 GeoChirp Ⅱ是采用线性调频声呐作为声源，来探测海底浅地层构造情况的一种浅地层剖面仪。与此同时，为了产生具有足够穿透力的低频，它的换能器必须做得大而重，分辨率也较差。于是人们提出了参量阵（非线性调频）原理，利用该原理德国 Innomar 公司研制了 SES-96 参量阵测深/浅地层剖面仪（图 14-13）。总体来看，Chirp 技术在地层分辨率上具有极高的性能，而其勘探深度的限制使其应用范围受到局限。

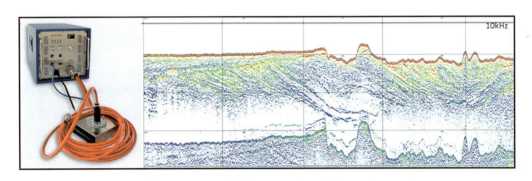

图 14-13　参量阵浅地层剖面仪及浅地层剖面

浅地层剖面探测工作是通过换能器将控制信号转换为不同频率（10～100 kHz）的声波脉冲向海底发射，该声波在海水和沉积层传播过程中遇到声阻抗界面，经反射返回换能器转换为模拟或数字信号后记录下来，并输出为能够反映地层声学特征的浅地层声学记录剖面。

声学地层探测系统是利用声波反射的原理来探测地层的。声波在海底传播，遇到反射界面（界面两侧的介质性质存在差异）时发生反射，产生反射波的条件是界面两边介质的波阻抗不相等。换句话说，决定声波反射条件的因素为波阻抗差（反射系数）。波阻抗为声波在介质中传播的速度和介质密度的乘积。在浅地层剖面调查中，近似认为声波是垂直入射的。要得到强反射，必须有大的密度差和大的声速差，如相邻两层有一定的密度和声速差，其两层的相邻界面就会有较强的声强，在剖面仪终端显示器上会反映灰度较强的剖面界面线。当声波传播到界面上时，一部分声信号会通过，另一部分声信号则会反射回来；而且在每一个界面上都会发生此现象。应用到地学中，即声波波阻抗反射界面代表着不同地层的密度和声学差异而形成的地层反射界面。简单地说，海底相邻两层存在一定声阻率量差，就能在剖面仪显示器上反映两相邻的界面线，并能分别显示两层沉积物的性质图像特性差异。利用这个原理，人们发明了声学地层剖面系统。

由于不同的沉积物存在着密度差异和速度差异，这种差异在声学反射剖面上表现为波阻抗界面，差异越大，波阻抗界面就越明显（振幅越强）。由不同物质组成的相同地质年代的岩层，由于彼此间存在着密度和速度的差异，会形成多个反射界面，而不同年代的岩层，也可能由于物质组成相同、密度差异不大而不存在明显的声学反射界面。因此，声学地层反射界面与地质界面或地层层面之间存在着不完全对应关系。但在大多数情况下，不同年代的岩层存在着不同的物理特征，声学反射特征也有差异，因而依据声学反射剖面划分的反射界面往往与地层界面是吻合的。这种反射界面一般能够代表不同地质时代、不同沉积环境和物质构成的真实地层界面。

在依据反射界面进行浅地层剖面实际解译过程中，应该首先与测区内地质钻探资料进行层位对比，并充分利用邻区资料和周边地质环境条件，结合记录中的沉积结构、层位标高、堆积、侵蚀、界面的整合、不整合接触、层理结构、相位变化等特征来分析研究声学记录中地层沉积特征以及其他地质信息。这样，一般而言能够得到与实际情况较为相符的结论。

14.6.2　宽频地震勘探

随着勘探领域的不断拓展，地震勘探的难度越来越大。在深部地质调查和复杂构造、火山岩（或碳酸盐岩）屏蔽下的油气藏地震勘探中，为了获取目的层有效反射信号、实现精确成像，对地震数据采集的要求进一步提高，包括采集到低频、高频成分丰富的宽频带、高信噪比的原始地震记录。地震信号中的低频信息具有穿透能力强、对深部目的层成像清晰的优势，同时也使地震反演处理结果更具稳定性。宽频带可产生更尖锐子波，为诸如薄层和地层圈闭等重要目标体的高分辨率成像提供全频带基础数据。

理论研究表明：当地震数据的频带宽度不低于两个倍频程时，才能保证获得较高精度的成像效果；频带越宽，地震成像处理的精度越高；增加低频分量的主要作用是减少子波旁瓣，降低地震资料解释的多解性，提高解释成果的精度。

然而，在海洋地震勘探中得到宽频带地震数据是比较困难的。首先，在常规海洋地震数据采集中，电缆和气枪都要以固定深度沉放于海平面之下，以保证下传的激发能量最大化和降低接收环境噪声。由于海平面是强反射界面，在激发和接收环节都会产生虚反射效应，从而压制了信号的低频和高频能量，并产生了陷波点，限制了地震勘探的频带宽度。例如，为了获得深部目的层有效反射信号，必须增加气枪阵列容量、加大沉放深度以得到穿透能力大、主频低的激发子波，并加大电缆沉放深度以减少对来自深部反射界面的低频反射信号的压制效应，由此带来的副作用是高频信号受到较大压制，降低了地震信号的频带宽度和分辨率。在海洋高分辨率地震勘探中，一般采用较小气枪阵列容量和较浅沉放深度以得到高频成分丰富的激发子波，同时降低电缆沉放深度以降低接收环节对高频信号的压制效应，这样虽然提高了地震信号的频带宽度和视觉分辨率，但它是以牺牲低频信息和勘探深度为代价，处理后的成果数据缺少低频信息，给后续的反演处理带来较大困难。

勘探设备性能也限制了海洋地震勘探获得宽频带地震数据的能力，电缆在移动时产生的机械和声波噪声掩盖了微弱的有效地震信号，降低了地震数据的频宽和信噪比，尤其是对高频段信号的影响幅度更大。到目前为止，常规海洋地震勘探中尚未找到完全有效压制虚反射效应的采集和处理方法。

近年来，针对海洋宽频带地震勘探面临的主要难题，在勘探设备方面进行了研发并取得重要进展。固体电缆的研制成功和工业化应用，有效地降低了电缆噪声，提高了对微弱高频信号的响应和记录能力；双检波器拖缆采集技术的发展与应用，压制了虚反射效应，拓宽了地震频带。

众所周知，气枪和电缆以一定深度沉放于海平面之下，海平面反射在上行波和下行波之间产生交互干涉的鬼波效应，对地震反射信号产生了压制和陷波作用，降低了原始地震资料的频带宽度。气枪和电缆沉放越深，对高频信号压制越大，越有利于低频信号；沉放越浅，对低频信号压制越大，越有利于高频信号。为了压制虚反射效应，提高地震数据频带宽度，在海洋地震激发时借鉴陆上地震勘探压制虚反射的成功做法，开发了多层震源组合新技术代替传统的平面震源组合方式，激发地震子波的低频和高频分量都得到有效拓展和提升，因此其频带展宽、穿透能力增强。

在海洋地震信号接收环节，为有效削弱由海平面虚反射引起的陷波作用，利用电缆沉放深度的变化对不同频带的压制特性，采用上、下缆接收技术，既有效地兼顾了获得不同频段的信号，也增加了地震数据的叠加次数，提高了地震信号的信噪比。但上、下缆地震采集要求严格控制电缆处于同一垂直面上，以确保接收点所获信息的均匀性和数据合并时反射点位置一致性，对设备和作业海况的要求较高，常规地震勘探设备难以满足这一要求。电缆变深度沉放（variable depth streamer）技术，是一种施工相对简单的地震采集技术，只需将单条电缆按一定斜率或分段沉放于不同深度，使虚反射陷波效应分散化，以达到提升地震信号低频、拓宽频带、提高原始信号振幅能量和信噪比的目的。同样，采用双检电缆进行数据采集，通过数据合并处理，可有效地减弱由电缆沉放带来的虚反射效应对地震信号的高频段和低频段的损害。

14.7 海底可视化

海底可视技术是一种可以直观地对海底地形地貌、表层沉积物类型、生物群落等进行实时观察的调查手段。目前用于海底可视观察的设备主要有海底摄像系统、电视抓斗、深拖系统、无人遥控潜水器等。

14.7.1 海底摄像

海底摄像是一种极为重要的海底直观观测手段，常常是天然气水合物调查中可视技术手段中必不可少的基础技术。海底摄像系统作业深度可达几千米，连续工作可达数小时，主要由水下单元、传输单元、监控单元、定位数据采集单元和图像叠加处理系统组成。其中水下单元摄像机对海底进行近距离拍摄，深拖铠装同轴电缆进行数据传输，系统控制人员和绞车操作人员通过监控图像和高度数据对水下单元进行拍摄监控和海底观察，图像叠加处理系统对水下拍摄记录进行回放、采集、分析和定位数据叠加处理。

14.7.2 电视抓斗

电视抓斗为海底摄像连续观察与抓斗取样器结合组成的可视抓斗取样器，是一种最有效的地质取样器。其突出特点是：既可以直接进行海底观察和记录，同时又可以在甲板遥控下针对目标准确地进行取样。如德国 Preussag 公司研制的电视抓斗，开口为 1 m×1 m，单次取样数量可达 1000 kg 以上，最大工作水深可超过 4000 m。

14.7.3 深拖系统

深拖系统目前主要应用于大洋底多金属矿产调查，该系统具有旁侧声呐、浅层剖面、深海电视和深海照相等多种功能，可用于微地形地貌测量、沉积剖面测量、对海底目标进行实时录像和拍照。其中海底照相－海底电视系统主要包括深海摄像机、摄像灯、照相机、闪光灯和装有电子设备的压力筒，这些设备装在一个开放式的铝合金框架内，通过船上电子设备控制对海底地形情况进行实时监测录像及照相，并将相应点的高度、深度、位置等有关信息记录在硬盘上。

14.7.4 无人遥控潜水器

无人遥控潜水器（remotely operated vehicle，ROV）是由水面母船上的工作人员通过连接潜水器的脐带提供动力，操纵或控制潜水器，通过搭载的水下电视、声呐等专用设备进行观察，还能通过机械手进行水下作业。以 ROV 作工作平台的拖曳探测技术发展很快，是近年来国际海洋技术中快速发展的一个重要方向，为当今国际海底探查中的高新技术代表。ROV 工作平台上具有海底照相、摄像和声呐探测功能，还装有电磁、热、核技术传感器和地球化学等传感器。

第十五章　海洋调查组织与过程控制

海洋调查的基本目的是运用各种方法和方式，了解海洋中发生的各种现象及其变化。由于海洋中发生的现象是多种多样的，所以综合性的海洋调查包括海洋水文观测、海洋气象观测、海洋化学要素的测定、海洋地质调查、海洋生物调查等。要完成这些任务，必须动用大量船只、仪器、人员，因此，海洋观测的组织者必须以花费人力、物力、财力和时间为最小而又能够收集到有科学研究价值的资料为组织原则，有效地进行观测过程的组织实施。

15.1　海洋观测计划与组织

15.1.1　重视制定调查大纲

在拟订调查计划之前，先要制定好调查大纲，在调查大纲中应明确调查的目的和任务、调查的海区、调查的内容、调查断面或站点的布设、调查的日期和方法、信息资料的提供形式以及经费估算等。

为了制定好大纲，事前要尽可能搜集该海区已有的资料，如过去调查的计划和报告、历史观测资料、有关的论文以及有关文献和档案等。根据搜集到的资料，确定该海区各海洋要素的分布规律、前人研究的深入程度、历史资料可供继续使用的条件、新任务与老任务的关联情况等。以便在这个基础上制定出经济、合理而又科学的调查大纲，一个科学的调查大纲是海洋调查正确实施的基础之一。

15.1.2　拟订详细调查计划

调查计划主要包括断面的位置和方向、各观测站的坐标、观测项目、观测层次、航行的路线、调查起始和结束日期等基本要素。详细调查计划应考虑到如下因素：

（1）调查船航行的时间、补给用品的时间以及工作结束返回码头的时间。调查所需的时间要考虑到调查船的性能、航行速度、测站的深度、观测层次以及所用的仪器设备等。此外，对调查期间可能遇到的恶劣天气造成的延误时间也应充分考虑。

（2）调查主要内容包括海洋调查的具体目标、调查海区范围与测站布设、观测项目、观测层次与观测资料的质量要求。

（3）观测方式：单船、多船同步调查，要注明各船的任务、位置和同步的起始时间。

（4）调查船及主要设备的要求，如绞车的数量、绞车的负重、绞车的位置、起吊设备、船只航行最低速度（用于声学观测、渔业资源拖网等）。

（5）主要观测仪器的名称及数量，甚至应该考虑到声学仪器的频率（如 ADCP 的 1 MHz 与 500 kHz 具有不同的量程、垂向辨率与盲区），实验室的调试，各学科的分工和配合，科学家与船员的协调等。

（6）观测资料的整理方式、方法，计算资料所用的公式、模式和依据。

（7）提交的最终成果形式、完成时间和对成果的鉴定方式。

（8）合作伙伴、资料传输、经费预算与经费来源。

15.2 仪器和设备的调试核查

按任务书要求，选用符合海洋调查规范要求的仪器和设备。出航前必须进行全面检查、调试，使其处于良好工作状态。出海前对所有的仪器设备要进行认真检验，发现问题要及时解决。仪器的适用水深范围和测量范围必须满足观测海区的水深变化范围和所测要素的变化范围，同时还须满足对观测要素及其计算参数的准确度以及时空间连续性的要求。选用的仪器必须适用于所采用的承载工具和观测方式，仪器的记录方式应便于资料的处理和进一步加工。

调查使用的仪器必须按规定定期经国家法定计量机构鉴定，或自行用正确的方法和允许的准确度及时测试其系统的参数，不允许使用未经鉴定的仪器设备进行海洋调查。

为了保证调查计划的执行，必须根据调查大纲和调查计划的要求，详细列出所需仪器设备及消耗品的名称和数量。考虑到海上工作的意外情况，每种仪器设备均须有一定的备用数量。特别是那些易于损坏的温度计、易于丢失的铅锤等，更需有足够的备用数量。

其他学科的观测采样仪器，按调查计划准备，并有一定备用。经检查校正后的仪器设备，应根据使用的要求进行安装或固定，调查设备安装位置的基本要求是工作方便，各项工作互不妨碍，避开建筑物、辐射热和船只排水对观测结果的影响。

为了发现准备工作的不足之处，必要时可在仪器设备安装之后进行试航试测，着重检查以下问题：安装是否牢固、收放速度是否正常、刹车是否灵敏、各种仪器在水中工作是否正常、仪器的水密性是否良好；通信设备是否正常，调查船与基地或其他船只的联系能否畅通；器材设备是否齐全。试航中发现的问题在返回基地之后应迅速采取有效措施加以解决。每次出航观测结束后，调查设备和观测仪器应认真维护保养。凡入水的仪器均须用淡水洗净、晾干。绞车、钢丝绳和计数器等应仔细擦拭并涂抹黄油后保存。检查、调试、鉴定、试测、保养、维修等过程必须记入相应的控制表格。

15.3 观测期间的过程控制

15.3.1 工作日志

在海上作业过程中,必须认真填写调查值班日志。其内容主要包括仪器安装调试及运转情况、船舶航行及导航定位、仪器故障及检修、值班人员姓名、调查质量、调查中遇到的特殊海洋现象及处理情况等。

15.3.2 人员安排

调查人员是完成调查任务的基本保证,因而必须很好地组织起来并科学地加以分工,以便发挥每个调查人员的积极性。调查人员的数量按调查任务确定。调查船在执行任务时,一般是昼夜连续工作的,因此调查人员要进行分班,其方式可根据具体情况而定,即四班制、三班制、二班制或一班制均可。每班的人数则根据观测项目而定。

为了保证不间断地进行观测,并调节观测人员的工作和休息,在观测期间要建立分班值班制度。分班及值班应注意下列事项:分班时应注意观测的内容、交接班时间等,以保证观测记录的完整性。交班前,交班人员应将全部记录、仪器、工具整理好,交班时交接清楚。同时应向接班人员详细交代观测中发现的特殊情况以及仪器设备中存在的问题。接班后,值班人员除完成规定的值班任务外,还应检查上一班的全部工作(包括观测记录、资料的初步整理和统计等),如发现有错漏或有疑问时,需要核查,予以补充或改正,如无法查明,应备注,以便进一步查对。

15.3.3 测站定位

调查船只在海上从事各种观测,海上定位是海洋观测中不可缺少的一环,没有准确的定位就不会有可靠的资料。海上定位的方法有:地文定位,天文定位,无线电定位,水声定位和卫星定位 5 种。目前主要采用卫星定位。在利用调查船进行调查时,至少在进入调查站时和调查结束时应分别测定一次船位。条件允许时,应尽可能加密测定船位,必要时必须提供船舶在此期间的航迹。定点观测时应注意船只是否移位,以便及时更新船只的位置。

15.3.4 观测记录

观测记录和观测资料是全体观测人员和船员艰辛劳动的成果产出,必须力求正确、完整、统一。现在,许多海洋勘测单位都建立了适应国际标准的 ISO 9000 体系,作为质量控制的主要组成部分。ISO 9000 体系注重过程控制,考虑过程的可追溯性,对规范作业过程、提高资料质量、完善作业方法起到积极作用。

针对海上作业情况,尤其要注意,海上观测各项记录表格要按规定的要求填写,海上观测结果必须立即记入规定的记录表中，不得凭借记忆或临时在记录表外的其他纸张记录或以后再进行补记。观测记录字迹力求整齐、统一、正确和清楚。如记录和计算差错需要改正时，不能涂改原记录，只能画线修改。为了保证记录的正确，在每张记录纸上，记录人、计算人和校对人都应签名，以示负责，而且计算人和核对人不得同为一人。如遇特殊情况无法进行某项观测时，或某项观测因故延迟未能按原定时间或程序进行时，则应记录实际的观测时间。上述情况，均应在备注栏内写明原因。观测得到的所有资料，必须妥善保存，严防遗失和火焚，特别要避免资料被风吹落海中等事故的发生。调查工作告一段落后，其资料应指定专人保管，必要时必须备份。

同一站次除需要进行物理海洋、海洋化学观测外，若还要进行海洋生物拖网、海洋地质取样时，应事先商定作业顺序，统一指挥。在深海作业或海流较大时，切勿同时开启多台绞车进行取样，并应密切注意船受风摆动情况，防止出现意外。

如在规定时间内，某项目因故未能观测，可在观测时间结束后半小时内补测。但补测项目应在备注栏内注明原因和实际观测时间。在定时观测内，不能观测的项目作缺测处理。

遇有台风、龙卷风、海啸、风暴潮、严重冰封以及地震预报，应尽可能严密监视，保障人员安全，按照应急计划进行，并按规定及时向有关单位报告。过后详细记载异常气象的全过程，以及造成危害的情况等。

15.4 应急计划与风险控制

随着海洋工程的增加，海上作业对健康、安全、环保提出了更高要求，为保障人员设备安全，必须制定应急计划。应急计划是指船舶在海上发生海事等紧急情况下，为保障人员、船舶、设备的安全及保护环境资源，高效有序地组织救助工作、减少决策失误、减轻事故危害、降低人员伤害和经济损失的行动指南。

在实施过程中，船长根据具体情况有权采取违背体系的有效措施来保障生命和船舶安全。其组织方式可使可能发生的最通常的应急情况得以快速反应，以扩展到包括该项目进行期间所出现的各种情况。在作业期间，将对此计划进行不定期的安全检查并不断改进。计划主要包括调查船在海上及在港内发生的应急情况，并将应急范围扩大到办公室和陆地后勤的支持。应急方案的主要内容包括应急反应网络及机构、应急领导小组、应急职责、应急反应、船舶遇险通讯保障、船舶灭火应急反应、人员落水应急反应、船舶进水应急反应、船舶防污应急反应、船舶碰撞、搁浅、触礁应急反应、人员重伤（病）应急反应、船舶暴力、海盗袭击的应急反应、船舶防台风和热带风暴的应急反应、船舶弃船的应急反应、对浅层气的预防和安全应急、海事报告、调查、处理规定、安全应急联络等方面的内容。尤其要把安全生产作为海洋观测过程控制的重要组成部分加以重视，加强观测前对风险源的分析与对策的制定。

15.5 海洋调查资料的质量控制与归档管理

海洋调查资料是海洋调查、观测的初步成果,反映了调查要素分布和时间变化的重要信息,是海洋科学研究的基础数据,要求具有准确性、代表性、连续性、同步(同时)性。由于海洋测流资料常常随时间变化显著而且复杂,因此在分析资料之前,一般要对资料的质量进行审查和控制,并根据研究的要求,对观测数据做必要的预处理。资料的质量与调查计划的制定、实施以及观测仪器、观测方法、现场条件、技术水平、责任心、资料处理方法有着密切的关系。

15.5.1 质量控制

(1)审核数据中是否含有系统误差和粗差。如果含有系统误差,则可以采用在一定条件下的重复测量,确定误差的量值和正负号的变化是否呈规律性并影响测量结果。这种误差可以在实验室和海上比测订正并加以消除。如在直读海流计(SLC9—2)的测流数据中,就可以采用该方法消除测量资料的系统误差。其次,审查资料中是否含有因过失误差而造成的异常值,这种误差是由偶然因素造成的,但又不同于偶然误差,如观测者的粗心大意导致的数据读错、记错、算错或者由于测量中突然受到某种震动等而产生的误差,在资料分析中必须剔除。但需要说明的是,在观测值中出现明显差异数值,不要轻易剔除,因为有些异常值本身就是海洋环境要素异常变化的真实反映,要慎重处理,如风暴引起的流速变化、防波堤头引起的潮流变化等。

(2)因为大型工程的课题研究,有多个单位甚至多个国家的观测资料,使用规范、标准、设备不一致会对质量产生影响,需要分析处理方法的差别,对资料做出质量评估。

(3)核对观测日期、站次及其相对应的关系,及时纠正记录中的错误,同时要注意审查与其对应的其他数据,如温度、盐度、风等海洋气象要素是否与观测日期及站位相匹配。

(4)利用假设观测数据在理论上服从一定的概率统计特性,包括数据对应的随机变量和随机过程是相互独立的,并服从某种统计分布,做统计检验,同时还要对一些资料进行一致性检验。

15.5.2 异常值处理

在质量控制中,可依据以往的经验确定质量控制要素的正常值,然后将观测值同正常值做比较,如果测量值在此区间,则为正常值,而超出则为异常值。如海洋水温值在 $-4 \sim 44$ ℃,若超出则认为是异常值,否则是正常值。

异常值的处理方法可通过多种方式进行判断,而利用统计值的关系进行数据鉴别,对大量数据而言是一种常有效的手段。针对不同类型、不同数据特点的海洋测量资料,可能有不同的数据质量审查和控制方法。

15.5.3 资料归档管理

资料归档的过程控制的目的是规范技术资料归档、管理和借阅工作，确保技术资料的真实性、完整性、有效性和安全性。电子版技术资料归档格式要求包括文本电子文件以 TXT 为通用格式；图像电子文件以 JPEG 为通用格式；用非通用文件格式的图像电子文件应将其转换成通用格式，如无法转换，则应将相关软件一并归档。归档的电子版技术资料应与相应的纸质技术资料在内容、相关说明及描述上保持一致。归档电子版技术资料应由交接双方对其真实性、完整性、有效性进行检验，经责任人签署意见后办理移交归档手续。电子版技术资料与纸质相关技术资料归档范围和保管期限相同。科研成果报告同时采用纸质和电子版两种形式归档。

附录 A　名词缩写

ABS（acoustic backscathering）	声学背向散射
ADV（acoustic doppler velocimeter）	声学多普勒点式流速仪
ADCP（acoustic doppler current profiler）	声学多普勒流速剖面仪
ADP（acoustic doppler profiler）	声学多普勒剖面仪
ALB（airborne lidar bathymetry）	机载激光雷达测深
AMP（advanced microstructure profiler）	微结构剖面仪
Argo（array for real-time geostrophic oceanography）	地转海洋学实时观测阵列
AUV（autonomous underwater vehicle）	自动水下机器人
AXBT（airborne expendable bathythermograph）	空投抛弃式深水温度仪
BT（bathythermograph）	深水温度仪
CTD（conductivity temperature depth probe）	温盐深仪
GPS（global positioning system）	全球定位系统
HOV（human occupied vehicle）	载人水下机器人
HRP（high resolution profiler）	高分辨率剖面仪
INS（inertial navigation system）	惯性导航系统
LDA（laser doppler anemometry）	激光多普勒测速仪
LiDAR（light detection and ranging）	机载激光雷达
LISST（laser in situ scattering and transmissiometry）	现场激光粒度仪
LSCB（large-scale coastal behaviour）	大尺度海岸行为
MABL（marine atmospheric boundary layer）	海洋大气边界层
MMP（mclane moored profiler）	麦克莱恩系泊式剖面仪
MSCB（mesoscale coastal behaviour）	中尺度海岸行为
MSP（multi-scale profiler）	多尺度剖面仪
OBS（optical backscattering）	光学后向散射仪
PIV（particle image velocimetry）	粒子成像流速仪

PBL (planetary boundary layer)	行星边界层
ROV (remotely operated vehicle)	遥控水下机器人
SAR (synthotic aperture radar)	合成孔径雷达
SST (sea surface temperature)	海表温度
SSS (sea surface salinity)	海表盐度
XBT (expendable bathythermograph)	抛弃式深水温度仪

附录 B 单位与符号

力 (force)	N ($1\text{ N} = 1\text{ kg}\cdot\text{m}^2\cdot\text{s}^{-1}$)
盐度 (salinity)	S (psu)
温度 (temperature)	T (℃)
开尔文温度 (kelvin temperature)	K (Kelvin, $0\text{ K} = 273.15\text{ ℃}$)
含氯度 (chlorinity)	cl ($\text{g}\cdot\text{kg}^{-1}$)
流速 (velocity)	u, v, w ($\text{m}\cdot\text{s}^{-1}$)
声波在泥沙颗粒上的入射压力 (incident pressure)	P_i (Pa, $1\text{ Pa} = 10^{-5}\text{ bar}$)
声波在泥沙颗粒上的散射压力 (scattered pressure)	P_s (Pa)
粒子等效半径 (equivalent particle radius)	a_s (m)
量程 (range from the transducer)	r (m)
形态函数 (form function)	f
水吸收致信号衰减 (attenuation due to water absorption)	α_w ($\text{Nepers}\cdot\text{m}^{-1}$)
泥沙散射致信号衰减 (attenuation due to sediment scattering)	α_s ($\text{Nepers}\cdot\text{m}^{-1}$)
传感器半径 (transducer radius)	a_t (m)
时滞 (time lag)	τ (s)
浮性频率 (buoyancy frequency)	N (s^{-1})
水体密度 (water density)	ρ, ρ_w ($\text{kg}\cdot\text{m}^{-3}$)
颗粒密度 (particle density)	ρ_s ($\text{kg}\cdot\text{m}^{-3}$)
沉降速度 (setting velocity)	w ($\text{m}\cdot\text{s}^{-1}$)
运动黏滞系数 (kinematic coefficient of viscosity)	ν ($\text{m}^2\cdot\text{s}^{-1}$)
粒径 (partical size diameter)	d (m, mm)
能耗率 (energy dissipation rate)	ε ($\text{W}\cdot\text{kg}^{-1}$)
潮位 (tide)	η (m)
重力加速度 (gravitational acceleration)	g ($9.8\text{ m}\cdot\text{s}^{-2}$)
波长 (wave length)	L (m)

波周期 (wave period) T (s)

波数 (wave number) k

波速 (wave velocity) c, C (m·s^{-1})

波陡 (wave steepness) δ

波龄 (wave age) β

波高 (wave height) H (m)

圆频率 (wave length) w (rad·s^{-1})

水深 (depth) d (m)

振幅 (wave amplitude) a (m)

参考文献

[1] 侍茂崇, 高郭平, 鲍献文. 海洋调查方法 [M]. 青岛: 中国海洋大学出版社, 2016.

[2] DE VRIEND H J. Mathematical modelling and large-scale coastal behaviour. Part1: physical processes [J]. Journal of hydraulic research, 1991, 29 (6): 727 - 740.

[3] DE VRIEND H J. Mathematical modelling and large-scale coastal behaviour, Part2: predictive models [J]. Journal of hydraulic research, 1991, 29 (6): 741 - 753.

[4] DE VRIEND H J. On the prediction of aggregated-scale coastal evolution [J]. Journal of coastal research, 2003, 19 (4): 757 - 759.

[5] TERWINDT J H J, BATTJES J A. Research on large-scale behaviour [J]. Coastal engineering proceedings, 1983.

[6] 柴立和. 多尺度科学的研究进展 [J]. 化学进展, 2005, 17 (2): 186 - 191.

[7] 何国威, 夏蒙棼, 柯孚久, 等. 多尺度耦合现象: 挑战和机遇 [J]. 自然科学进展, 2004, 14 (2): 121 - 124.

[8] 李家彪, 多波束勘测原理技术和方法 [M]. 北京: 海洋出版社, 1999.

[9] 黄张裕, 魏浩瀚, 刘学求, 海洋测绘 [M]. 北京: 国防工业出版社, 2013.

[10] 孙广轮, 关道明, 赵冬至, 等. 星载微波遥感观测海表温度的研究进展 [J]. 遥感技术与应用, 2013, 28 (4): 721 - 730.

[11] 王新新, 赵冬至, 杨建洪, 等. 海表面盐度卫星微波遥感研究进展 [J], 遥感技术与应用, 2012, 27 (5): 671 - 679.

[12] 惠绍棠, 霍树梅. 中国海洋仪器设备研究发展的历史回顾 [J]. 海洋技术, 1998, 17 (4): 1 - 6.

[13] 齐尔麦, 张毅, 常延年. 海床基海洋环境自动监测系统的研究 [J]. 海洋技术, 2011, 30 (10): 84 - 87.

[14] 胡展铭, 史文奇。陈伟斌, 等. 海底观测平台——海床基结构设计研究进展 [J], 海洋技术学报, 2014, 33 (6): 123 - 130.

[15] 李海森, 周天, 徐超. 多波束测深声呐技术研究新进展 [J]. 声学技术, 2013, 32 (2): 73 - 80.

[16] 翟国君, 王克平, 刘玉红. 机载激光测深技术 [J]. 海洋测绘, 2014, 34 (2): 72 - 75.

[17] 赵建虎, 陆振波, 王爱学. 海洋测绘技术发展现状 [J]. 测绘地理信息, 2017, 42 (2): 1 - 10.

[18] 翟国君,吴太旗,欧阳永忠,等.机载激光测深技术研究进展[J].海洋测绘,2012,32(2):67-71.

[19] 胡平华,赵明,黄鹤,等.航空/海洋重力测量仪器发展综述[J].导航定位与授时,2017,4(4):10-19.

[20] 宁津生,黄谟涛,欧阳永忠,等.海空重力测量技术进展[J].海洋测绘,2014,34(3):67-76.

[21] 裴彦良,梁瑞才,刘晨光,等.海洋磁力仪的原理与技术指标对比分析[J].海洋科学,2005,29(12):4-8.

[22] 张兆英.CTD测量技术的现状与发展[J].海洋技术,2003,22(4):105-110.

[23] 邓伟铸,吴加学,刘欢,等.基于ADV声学泥沙反演与扩散机制分析[J].海洋学报,2014,36(7):57-69.

[24] THORNEPD, HANES D M. A review of acoustic measurement of small-scale sediment processes [J]. Continental shelf research, 2002: 1-30.

[25] THORNEPD, MACDONALD I T, VINCENT C E. Modelling acoustic scattering by suspended flocculating sediments [J]. Continental shelf research, 2014, 88: 81-91.

[26] THORNEPD, HURTHER D. An overview on the use of backscattered sound for measuring suspended particle size and concentration profiles in non-cohesive inorganic sediment transport studies [J]. Continental shelf research, 2014, 73(2): 97-118.

[27] MACDONALD I T, VINCENT C E, THORNE P D, et al. Acoustic scattering from a suspension of flocculated sediments [J]. Journal of geophysical research: Oceans, 2013, 118(5): 2581-2594.

[28] THORNE P D, MERAL R. A review of the scattering properties of suspended sandy sediments for the application of acoustics to sediment transport studies [J]. Acoustical society of America journal, 2008, 123(5): 3896-3896.

[29] THORNE P D. MERAL R. Formulations for the scattering properties of suspended sandy sediments for use in the application of acoustics to sediment transport processes [J]. Continental shelf research, 2008, 28(2): 309-317.

[30] AGRAWAL Y C, POTTSMITH H C. Instruments for particle size and settling velocity observations in sediment transport [J]. Marine geology, 2000, 168(1): 89-114.

[31] THOSTESON E D. A simplified method for determining sediment size and concentration from multiple frequency acoustic bacKscatter measurements [J]. Journal of the acoustical society of America, 1998, 104(2): 820-830.

[32] URICK R J. The Absorption of Sound in Suspensions of Irregular Particles [J]. Journal of acoustic society of America, 2005, 20(3): 283-289.

[33] 王军成.海洋资料浮标原理与工程[M].北京:海洋出版社,2013.

[34] 王波,李民,刘世萱,等.海洋资料浮标观测技术应用现状及发展趋势[J].仪器仪表学报,2014,35(11):2401-2414.

[35] 库安邦,周兴华,彭聪.侧扫声呐探测技术的研究现状及发展[J].海洋测绘,

2018（1）：50 − 54.

[36] 胡凯. 浅谈水声通信及相关技术应用［J］. 数字技术与应用，2017（4）：39 − 39.

[37] 康建军，邬海强，杨庆轩，等. 海洋湍流观测技术［J］. 海洋技术，2007，26（3）：19 − 23.

[38] GARGETT A E. Microstructure and fine structure in an upper ocean frontal regime［J］. Journal of geophysical research：oceans，1978，83（C10）：5123 − 5134.

[39] GARGETT A，OSBORN T，NASMYTH P. Local isotropy and the decay of turbulence in a stratified fiuid［J］. Journal of fluid mechanics，1984，144：231 − 280.

[40] 周庆伟，张松，武贺，等. 海洋波浪观测技术综述［J］. 海洋测绘，2016，36（2）：39 − 44.

[41] 董晓军，黄城. 利用TOPEX/Poseidon卫星测高资料监测全球海平面变化［J］，测绘学报，2000，29（3）：266 − 272.

[42] 郑彦，彭景吓，吴芳，等. 中国海洋化学分析方法研究进展［J］. 厦门大学学报（自然版），2007，46（sl）：67 − 71.

[43] 于灏，司惠民，李超，等. 船载水样自动采集与分配系统所采水样的适用性研究［J］. 海洋技术学报，2012，31（2）：6 − 9.

[44] 杨鲲，王化仁，韩德忠，等. 海洋调查组织实施的过程控制［J］. 水道港口，2006（sl）：15 − 18.

[45] 张铁艳，王化仁，杨鲲，等. 海洋调查观测资料的质量控制［J］. 水道港口，2006，27（1）：48 − 50.

[46] 马荣华、唐军武，段洪涛，等. 湖泊水色遥感研究进展［J］. 湖泊科学，2009，21（2）：3 − 18.

[47] 张仁和. 水声物理、信号处理与海洋环境紧密结合是水声技术发展的趋势［J］. 应用声学，2006，25（6）：325 − 327.

[48] 余越，程一超. 浅谈海洋水声环境对水声探测设备使用的影响［J］. 科学技术创新，2016（26）：174 − 174.

[49] MEDWIN H. CLAY C S. Fundamentals of acoustical oceanography［J］. Physics today，1999，52（7）：54 − 56.

[50] CHEN C T，MILLERO F J. Speed of sound in seawater at high pressures［J］. Acoustical society of America journal，1977，62（5）：1129 − 1135.

[51] 张宝华，赵梅. 海水声速测量方法及其应用［J］. 声学技术，2013，32（1）：24 − 28.

[52] 李平，杜军. 浅地层剖面探测综述［J］. 海洋通报，2011，30（3）：344 − 350.

[53] 陈强，兰晓娟，王霜. 国外UUV系统在海洋调查中的应用［J］. 舰船科学技术，2012，34（10）：133 − 136.

[54] 王芳，宋士林，葛清忠. 无人机在海洋调查中的应用前景展望［J］，海洋开发与管理，2013，30（2）：44 − 45.

[55] 陈陟，吴志明. TOGA-COARE IOP期间的海气通量观测结果［J］. 地球物理学报，

1997, 40 (6): 753-762.

[56] 麻常雷, 高艳波. 多系统集成的全球地球观测系统与全球海洋观测系统 [J]. 海洋技术学报, 2006, 25 (3): 41-44.

[57] 刘曙光, 熊学军, 张宏伟, 等. 水下滑翔机内波观测方法 [J]. 海洋科学进展, 2018, 36 (2): 171-178.

[58] RUDNICK D L, JOHNSTON T S, SHERMAN J T. High-frequency internal waves near the Luzon strait observed by underwater gliders [J]. Journal of geophysical research: oceans, 2013, 118 (2): 774-784.

[59] MERCKELBACH L, SMEED D, GRIFFITHS G. Vertical water velocities from underwater gliders [J]. Journal of atmospheric & oceanic technology, 2010, 27 (3): 547-563.

[60] FRAJKAWILLIAMS E, ERIKSEN C C, RHINES P B, et al. Determining vertical water velocities from seaglider [J]. Journal of atmospheric & oceanic technology, 2011, 28 (28): 1641-1656.

[61] MÜULLER P, OLBERS D, WILLEBRAND J. The IWEX spectrum [J]. Journal of geophysical research: oceans, 1978, 83 (C1): 479-500.

[62] 方欣华, 杜涛. 海洋内波基础和中国海内波 [M]. 青岛: 中国海洋大学出版社, 2004.

[63] 宋义昭, 兰卉, 贾文娟, 等. 电控多瓶采水器系统的优化设计 [J], 海洋技术学报, 2014, 33 (5): 41-46.

[64] KLEMAS V. Remote sensing of ocean internal waves: an overview [J]. Journal coastal research, 2012, 28 (3): 540-546.

[65] 张汉泉, 吴庐山, 张锦炜. 海底可视技术在天然气水合物勘查中的应用 [J]. 地质通报, 2005, 24 (02): 89-92.

[66] 薛宇欢. 渤海夏季海气通量船基系统观测研究 [D]. 青岛: 中国海洋大学, 2009.

[67] 孟庆龙, 李守宏, 孙雅哲, 等. 国内外海洋调查船现状对比分析 [J]. 海洋开发与管理, 2017, 34 (11): 26-31.

[68] 陈练, 苏强, 董亮, 等. 国内外海洋调查船发展对比分析 [J]. 舰船科学技术, 2014, 36 (sl): 2-7.

[69] 王项南, 王晶, 吴迪, 等. 海水中溶解二氧化碳监测技术跟踪 [J]. 海洋技术学报, 2009, 28 (4): 24-26.

[70] 王爱军, 叶翔, 陈坚, 等. 沉积物捕获器在海岸与陆架沉积动力研究中的应用: 以罗源湾和台湾海峡为例 [J]. 海洋学报, 2015, 37 (1): 125-136.

[71] 吴志强, 海洋宽频带地震勘探技术新进展 [J]. 石油地球物理勘探, 2014, 49 (3): 421-430.

[72] PRESTON J, CHRISTNEY A, COLLINS W, et al. Automated acoustic classification of sidescan images [C] //Oceans'04 MTS/IEEE Techno-Ocean'04. Kobe, Japan: IEEE, 2004: 2060-2065.

［73］汪品先. 从海底观察地球—地球系统的第三个观测平台［J］. 自然杂志，2007，29（3）：125－130.

［74］GUERRA M. THOMSON J. Turbulence measurements from fivebeam acoustic doppler current profilers［J］. Journal of atmospheric & oceanic technology，2017，34：1267－1284.

［75］OSBORN T R，CRAWFORD W R. An airfoil probe for measuring turbulent velocity fluctuations in water［M］. New York：springer US，1980.

后 记

我出生在山里，小时候，海洋在我脑海里的印象是那般绚烂多姿、五彩斑斓。长大后，尤其是自己似愿非愿地选择了海洋科学研究作为自己终身职业的时候，才发现海洋那迷人的外表下，还有着更多可能让你魂不守舍的精彩与魅力。只能庆幸地说，自己阴差阳错地选择了一份合适的工作。可能正是这份与海洋科学研究有关的，从精神层面上还是给我带来了乐趣的，尽管苦恼也不少的经历，才使我有在序言里留下记录的冲动。更重要的是，它陪伴着我，从懵懵懂懂的青春少年，一路跌跌撞撞行至两鬓斑白的不惑之年。

小时候没有想到的是，若干年后，自己会编著这样一本与海洋有关的书籍。之所以絮叨了这么多，实在是觉得此书于我的成长来说还是有些纪念意义的！

自 1998 年 9 月进入中山大学，开始接受河口海岸学的基础知识，至今已有二十个春秋。无论是狂风巨浪的野外，还是温暖舒适的实验室，过往的点点滴滴都给我留下了许多难以磨灭的印象，在此过程中，我也得到了一些基本的锻炼。但我发现，自己仍然没能逃离平庸生活的羁绊，尽管骨子里并不甘平庸。

就像编写此书之初，其实希望其不困于世、不流于俗，却终没能逃脱粗漏不堪的宿命，实乃本人才疏学浅、视野狭小之故。一直仰慕那些才华横溢之人，总能字字珠玑，字里行间让你流连忘返。我没有能力把这本科学书籍写出灿烂如花的感觉，甚至可能难以找到一点引人入胜的地方，但确实已经尽心尽力了。

现在，我只能这样安慰自己：完成比完美更重要！

在十分仓促的时间里，呈现的大部分内容是比较成熟的或前沿的海洋观测技术的归纳总结，少部分内容是笔者所在课题组的初步研究成果。

任 杰

中山大学南校区陈嘉庚纪念堂

（东北区 341 栋小红楼）

致　　谢

　　编写这本书前后花了两年时间。两年里屡屡被手头的繁务杂事滋扰，屡想中止。幸得家人支持，替我省出不少时间，终于写完。两年里，女儿的个头和体量都增长了不少，但脾气似乎增长得更多。尽管如此，她却从来没有干扰过我写作，甚至还带给我不少愉快的写作时光，在此感谢我的女儿！

　　在准备写这本书的过程中，我得到了课题组同事们的支持，他们给予了极大的热情和鼓励。在此表示衷心的感谢。

　　我的学生硕士研究生张颖在文字录入与校核、插图绘制等方面投入了不少时间和精力，在此表示感谢。学院对本书的出版给予经费支持，在此表示感谢。中山大学出版社对本书出版给予大力支持，在此表示感谢。最后，我衷心感谢阅读此书的读者们，不管你们出于什么目的，当你案头拥有这本书的时候，就算是对我的支持了。